最设计·大美 02

室内设计

资源书

The Interior Design Sourcebook

〔美〕托马斯·威廉（Thomas L. Williams）著　宋逸伦 译

U0321357

山东画报出版社

图书在版编目(CIP)数据

　室内设计资源书／（美）威廉著；宋逸伦译. —济
南：山东画报出版社，2013.3
　ISBN 978-7-5474-0307-5

　Ⅰ.①室… Ⅱ.①威… ②宋… Ⅲ.①室内装饰设计
Ⅳ.①TU238

中国版本图书馆CIP数据核字 (2013) 第008517号

山东省版权局著作权登记章图字 15-2012-247

责任编辑　董明庆
装帧设计　宋晓明
主管部门　山东出版集团
出版发行　山东画报出版社
　　社　　址　济南市经九路胜利大街39号　邮编 250001
　　电　　话　总编室 (0531) 82098470
　　　　　　　市场部 (0531) 82098479　82098476(传真)
　　网　　址　http://www.hbcbs.com.cn
　　电子信箱　hbcb@sdpress.com.cn
印　　刷　山东临沂新华印刷物流集团
规　　格　160毫米×230毫米
　　　　　　14.75印张　180幅图　60千字
版　　次　2013年3月第1版
印　　次　2013年3月第1次印刷
定　　价　45.00元

目 录
Contents

前 言
Introduction

地球是百宝箱，蕴藏着丰富的自然资源。早在有文字记载之前，我们日常生活中所需的食物和住所都来源于此。石材、木材和金属矿石首先为人们所用，我们将这些材料制成各种生活用品，这种技艺一直流传至今。随着农业和畜牧业的出现，人们学会了如何使用纤维和纺织品作装饰，以求让自己的生活过得舒适。文艺复兴时期，我们又学会了将自然元素融入到建筑和美学之中；各类能工巧匠极尽妙思，百花齐放，呈现出一场全方位的视觉盛宴。

自从人们成功将锡和铜合成青铜后，又继续探寻以合成新的耐用型金属。18世纪初工业革命爆发，人们开始创新性地利用材料。到19世纪末20世纪初出现了牢固的结构金属，由此创造了我们现在所熟知的都市景观以及多数人所居住的高楼大厦。从18世纪中叶起，各类家具制造商和装潢公司就开始绞尽脑汁、尽可能多地利用自然资源和人造资源，以便为客户进行室内设计。

现在的室内设计师为了创造出最独具匠心、美轮美奂的设计，手头上的装修材料、颜料和装修工具数不胜数。选择性一多，设计的元素、物件和可能性也就令人眼花缭乱了。作为专业的室内设计师，了解工作中所使用的各种资源是必不可少的。在室内设计中，元素的选择以及在向客户解释其选择理由时，全都取决于自己的理解。作为专业设计人员，我们必须熟知产品或材料的生长、制造或生产全过程，熟知如何在既定的安装中将其发挥出最大功用。

《室内设计资源书》旨在帮助设计师和客户了解室内设计中的众多原料及其在现代室内设计中的可能用法。从经典传统的材料到最前沿、耐用和环保型的材料，本书对室内设计中的各个元素加以定义，讨论其应用范围和方法，并最终引导你尽可能多地获取所需资源，将室内空间设计得精致、优雅。

　　本书首先会从石材、木材、纤维和金属这类经典原料讲起，网罗这些传统材料的创新用法。这些元素本身已比较耐用、可靠，加上后期加工，变得更加耐用与合适。专业室内设计师需要了解其中的变化，以更好地利用这些元素。

　　当代元素包含那些19世纪末20世纪初曾首次被应用于工商业却未被用于住宅中的元素。这一时期，混凝土、钢铁和结构材料开始在室内设计中扮演较大的角色。如何将这些元素应用于室内设计，使其看起来既不那么呆板，又不减损其固有的尊贵典雅——这也是理解这些元素的形成和用途的一部分。

　　专业室内设计在二战后经历了爆炸式增长，经典原材料和当代原材料的并用产生了现代室内设计。现代原材料是古典和创新用途的结合。光变面料和透明化混凝土的应用创造出一种戏剧化的兴奋感，同时又能让现代室内设计迷人、温暖。

　　现在人们越来越崇尚人与自然和谐发展，于是人们学会使用回收再利用的原材料。这些原材料中许多也源于工商业，然后才应用于房屋装修。了解其起源有助于设计师及客户决定如何选用室内装饰物品。可回收材料和二手材料的使用已经成为一种贸易标准工具，因此其可持续性便成为材料选购中一个至关重要的因素。了解

原材料的起源有助于我们在现代室内设计装饰中作出明智的决定。

　　及时有效地作出恰当的选择有助于专业室内设计师满足客户的需求，同时创造出华美、优雅的设计。熟知原材料的来龙去脉有助于简化设计师的工作，并使其更有意义。《室内设计资源书》包罗了为满足客户所需、符合审美参数、遵守生态原则以及营造集实用和美观于一体的室内环境所需的多种资源。

一

经久不衰：经典

Timeless and Enduring: Classic

经典材料指使用时间较长、适用范围较广的材料。木材、石材和布料这些元素应用于室内设计的时间由来已久，直到今天这些材料仍然被用来营造温暖、安心和宁静的氛围。简言之，大部分室内设计师都依赖于这些元素。使用这些材料之所以让我们感觉舒适，主要是因为我们对其了如指掌。我们知道怎样加以利用会对我们最有利；我们会对这些材料制成的装饰和家具感到舒服；我们了解它们的所有特点。大多数人都生活在这样的环境中：到处是色彩明艳、优雅美丽的木饰家具，桌椅或床头柜的木头纹理总是错综复杂、饶有趣味。我们熟知那些可以增强房间中其他元素美感的石材。经典元素能创造出安全感和持久性。那么这些元素是否太过保守、过时而无法在现代室内设计中使用呢？答案当然是否定的。

现在这些元素都经过创新和令人激动的方式加工成适当的材料。木料在粘合剂和高热作用下可形成坚固、耐用的建筑横梁，并且还能刨制成家具面板和嵌板。大理石也不仅限于铺设地板，用于墙面甚至天花板已成为一种潮流。现今这些元素就如同几个世纪以前初次使用一样，对整体设计而言都是不可或缺的。

在真正的建筑模块设计中，这些元素容易获取且便于安装。我们也很清楚这些元素是如何加工并用于传统和现代室内设计的。这些元素的可塑性极高，可根据专业设计师的需求和住宅安装条件进行再加工。

石材 Stone

　　石头是地球上最古老的材料, 是坚固性和持久性的典型代表。其外观可以雕琢、美化, 也可以保持其原始形态。石材的选用和加工程度都限定了其最终表现形式。从宏伟柱状的联邦办公大楼到时髦、精雕细琢过的现代室内设计, 石材都传达出一种力量感和持久性。

　　作为一种密度较大的材料, 石材吸热慢, 散热也慢。这种特质决定了它可以成为太阳能供暖空间和地热系统空间的理想之选。由于石头散热和吸热都较慢, 在夏季酷热和冬季严寒地带还可把它用作建筑材料。

　　尽管石材异常坚硬，也不会变形，但也不是完全坚不可摧。即便是花岗岩在安装后也必须密封，防止在使用过程中出现污渍和斑点。另外，石材非常沉重，因此要进行专业安装，以防止地板或台面出现裂缝。在安装地板或台面时，还需另增支持物，以负担使用中所产生的额外重量。石制材料需要精密的制造技术和专业安装技术，这些无疑会增加成本。即便如此，石材仍然是许多客户和专业室内设计师用于地板、台面和卫生间的首选材料。你会看到，不同类型的石材被加工成不同的建筑装修物件，它具备其他类型的材料所不具备的某些用途。

　　事　实

　　石头形态各异，随处可见，主要有三种类型，每种类型都反映出其形成过程。火成岩是岩浆或熔岩冷却、凝固后的产物，在所有类型中年代最为久远。室内设计

中最常用的火成岩是花岗岩。花岗岩形态迥异、色彩纷繁，适用于多种设计调色。

变质岩多分布在山区，随着山脉的形成而堆积。变质岩是山脉形成中高温高压下的副产品。板岩和大理石就属于变质岩。第三种岩石称为沉积岩。这种岩石，如石灰岩和砂岩，由江河湖海底部沉积物形成。上层沉积物的重量对下层沉积物造成积压后生成这种质地较软的石头。沉积岩的质地较花岗岩和大理石软，在安装和修饰过程中需要额外注意以确保其优越性能。

如果可能的话最好就地取材，这样不仅可以降低运输成本，设计也具有地方特色。条件允许的话，还可以使用回收的石材。回收站和建筑工地是获得这种石材的理想场所。

花岗岩 Granite

花岗岩已经成为室内设计中的一种主要材料。这种密度大、硬度高、表面又极为光滑的石头是现代住宅设计中回弹性最高的材料之一，可以磨光制成具有光泽的装饰品。色彩浓淡可选范围广，能为室内设计增色不少。其外形独特，其他材料难以复制。根据花岗岩的采集地点不同可分为长石、云母和石英。因其种类不同，固有的色彩和明暗度也各异。花岗岩分布范围广，是室内设计中不可多得的多样性材料。若与木材、金属等其他元素混搭使用，其可能性将不可估量。

质　地

花岗岩质地硬、密度和重量大、耐磨性超强，几年下来几乎看不到明显的使用痕迹。其特色分布均匀，图案匀称带有斑点，纹理细小呈现粒状。但花岗岩质地的薄板和瓷砖易碎。花岗岩经常用于大的实心板和轻薄型瓷砖以及其他铺设材料。

使用方法

将花岗岩用于铺设厨房灶台、酒吧吧台和浴室台面是一种实用性的选择。各种电器、炉灶的挡板和边角细节都可进行修饰。壁炉的四周以及浴室中的浴盆和淋浴设备等都可贴上瓷砖。厨房和浴室的地板砖还可进一步作防滑处理。

修　饰

对花岗岩进行高度抛光处理，其颜色和斑纹便能呈现出自然之美。

安装完成后对花岗岩进行密封处理以提高可维护性。

大理石 Marble

　　从位于意大利佛罗伦萨米开朗琪罗广场上的大卫雕像到美国马里兰州巴尔的摩市街道附近的那一排排连墙的房屋，大理石成为许多艺术家和设计师用来表现终极奢华和复杂事物的首选材料。大理石中的杂质颜色较深，几乎成半透明状；相比其他岩石，给人一种温暖、心动的感觉。微妙的裂纹和纹理使大理石大受欢迎。意大

利卡拉拉所产的大理石全球最好、最白，就连雕塑家也盛赞这种大理石。卡拉拉的采石场一直经营至今，他们的大理石被运往世界各地。

质　地

大理石是一种重量大、密度高的石料，可被抛光成表面反光度高的材料。其颜色和明暗多样，粉红、哑金、绿色和白色最常用。较花岗岩而言，大理石抗着色污染性弱，需作密封处理。随着新切割技术的出现，大理石的价格已经下降。值得注意的是大理石材质的轻薄型瓷砖易于破裂。

使用方法

大理石用于公共和私人浴室已很多年，密封后，相对而言易于维护，适宜用作入口通道或其他地方的地砖。其界面轮廓清晰，可用于壁炉四周和壁炉架。

修　饰

打磨后的大理石比抛光的瓷砖防滑，因此这种大理石也变得很有销路。滚磨工序可使大理石的尖角变圆滑，表面变粗糙，不易打滑。

板岩 Slate

从漂亮的板岩屋顶到庭院地面，都可以用板岩。板岩易于加工，是变质岩的一种，由页岩经过几个世纪的挤压而成。板岩易于切分，从而形成薄层可用石材。这种岩石产自非洲、亚洲、南美和北美的部分地区。

质　地

板岩硬度大、防水、耐磨，易于分割成薄板材料。其外侧坚固，因此这种瓷砖使用时不易破裂。由于板岩中含有部分云母，因此会显得部分颜色较深，湿润亮泽。板岩颜色一般都较深，有黑色、绿色、紫色以及灰绿色。其产地不同，颜色和纹理也会多样。

使用方法

板岩常用于铺设地板、瓷砖、屋顶、覆盖层、架子和台面。

修　饰

板岩在灌浆前后都要进行密封处理。

石灰华 Travertine

石灰华是一种沉积岩，温泉或矿泉中的有机物堆积成方解石，方解石层层叠加形成石灰华。在石灰华中经常能发现已经完全石化了的树叶、羽毛和树枝的痕迹。几个世纪以来，石灰华作为一种建筑材料，因其美观和硬度而广受赞誉。其中，最著名的石灰华产地位于罗马城外的蒂沃利，这种石灰华曾被用于罗马斗兽场的外层。

质　地
在晶化之前，水流经堆积物时往上冒泡，因此石灰华呈蜂窝状结构；这也解释了开凿后的石灰华表面有许多小洞、到处凹凸不平的原因。尽管表面多孔，实际却非常坚固。纯石灰华呈白色。但一般当中都含有矿物杂质，因此颜色从灰色到珊瑚红不等。现有的平板、瓷砖和外墙板中会含有石灰华。

使用方法
石灰华常用于建筑物的表面，还有石灰华的平板和瓷砖可用作室内外地板。这种面板可用作墙面覆盖层。

修　饰
最好将石灰华的表面磨光，其表面的小洞可不必进行处理，但也可以在工厂或当场用硬树脂进行填充，然后再打磨光滑。石灰华也要进行密封处理，防止缝隙处产生污垢和斑点。

石灰石 Limestone

像其他沉积岩一样，石灰石含有微量钙，这些钙质是河流和海洋中沉积的贝类、珊瑚和植物等有机物的残渣。随着岩层变厚、压强增加，经过数百万年才形成石灰石。较火成岩而言，石灰石多孔、渗水、较软，但其硬度接近花岗岩。

世界上许多地方都可以采集到石灰石，美国印第安纳州的石灰石的颜色和硬度最好。法国的石灰石也很出名，其硬度始终如一，且不像许多其他石灰石那样多孔。

石灰石还可用于建筑物的表面涂层，使其呈现乳白色。

质　地

石灰石的颜色从上文提到的白色到浅蓝色不等，其中浅蓝色十分常见。其色调范围大都属于米黄色到淡金色这一范畴。另外，灰色也是一种常见的颜色。石灰石中常常含有已石化的动植物遗体，其纹理和杂色也成为许多石灰石建筑板材的特质。目前，石灰石可用于板材、瓷砖和墙面板。此外，石灰石瓷砖在滚磨过程中边角作柔化处理时也易于加工。

使用方法

大理石经过恰当的密封处理后，可作为理想、耐用的地面材料。如果用作台面，因其多孔渗水、易沾污渍的特质，需精心维护。

修　饰

即便对石灰石进行高度磨光，其痕迹也很快会消失，因此最好的修饰方法是珩磨。喷砂和珩磨所产生的无光面可使石灰石不易打滑，并且还可强化石头的色调深浅。为保护石灰石的表面，精整加工后要作密封处理，并且要不定期重复密封过程，防止产生污渍。

砂岩 Sandstone

砂岩是由上百万种砂粒混合高含量的石英经过数百万年挤压而形成的密实的石头，比石灰石坚固。砂岩一般被用作户外铺设材料，铺砌露台和覆盖走道以及建筑物的表面。

质　地

砂岩比大部分沉积岩密实、坚固，颜色范围从浅褐色到红棕色不等，有粒状纹理，常被用于楼梯石阶、制作瓷砖和铺设小面积楼群。

使用方法

砂岩主要用于现代室内外地面铺设。

修　饰

砂岩如用于室内必须密封。喷砂或磨光后的砂岩抓地力良好，具有防滑特质。

岗石 Engineered Stone

岗石是一种新型的人造石材，比大部分天然岩石性价比要高。其主要成分是天然岩石（通常是石英）结合树脂、粘合剂以及颜料等形成，这种石头坚硬、耐磨。在一些工程石中，天然岩石的含量可占到 93%。岗石一般不需要保养，抗菌、防污、不渗漏、颜色和修饰效果一致度高。

岗石制造和安装简单，可做台面、浴室隔板和炉灶挡板。颜色可选范围广，应用范围也广，设计师借此可以提供更多不同于天然岩石的选择。

功用、风格和保养 Function, Style, and Maintenance

石头是一种天然材料，即便出自同一个采石场，也会在底纹、颜色和凹陷程度上有所差异。因此在选择建筑用料时，最好去质地好的堆料场实地选料。如果是瓷砖或其他小块材料，最好先排列好一部分来观察整体效果。如果大家都满意的话再进行铺砌。

废　料

就像其他许多室内装修材料一样，加工后总会有一部分板坯和瓷砖成为废料。装修台面不可能在大小和形状上刚好与板坯契合，瓷砖在铺设过程中也要进行适当的切分。比较有经验的装修人员知道需要什么材料以及装修所需的厚板尺寸。以经验而论，允许有 10%—15% 的剩余材料。但无论是板坯还是瓷砖在运输过程中都会有损坏，因此余料也会计入装修成本。

地　板

如果安装合理，这种瓷砖和板坯完全可以被加工成地板。至于花样可根据个人喜好设计，通常混色图案比较新奇、有趣，但前提是一定要找个专业室内设计师，把握好安装图案的比例。

其中第一层地板的铺设和安装准备工作十分重要。基础必须要非常平稳，能够承受住地板的重量。在条件许可的情况下，最好咨询一下工程师，确保该结构能承

受满屋子地板的附加载荷。在第二层地板的安装中很容易出问题，因此在安装前要时常检查结构。

　　用粘合剂将瓷砖固定在适当的位置，中间的小缝隙用沙子和水泥填实。通常水泥和瓷砖的颜色都非常接近，但有时候设计师也会选用颜色对比比较明显的水泥。

　　平整规则的瓷砖通常紧密地排放，不规则的或者手工瓷砖需要更多空间。

　　等上述步骤完成后，再用专用的密封产品对地板进行密封处理。

　　部分石质安装材料会发生膨胀和收缩的情况，因此在其四周要留出些空间。这些材料会随着冷热温度而发生较大的伸缩，甚至还会略微移位。

　　墙　壁

　　与地板砖相比，墙面砖非常薄。在用水泥填好缝隙之前，先把墙砖在墙上固定好。待水泥完全干后，一定要对墙面作密封处理。

　　台面、工作台、灶台和壁炉四周

　　石板厚度一般在 1—2 英寸左右，是大部分台面和工作台的首选材料。石板表面干净、平整，很适合做厨房的柜台。使用大的石板可以减少切口和缝隙的数量。

像铺地板一样，在铺石板的地方一定要把基础打牢靠、打平稳。同时确保壁橱和地板能承受得了石板的重量。边缘处理和挡板可以用石板切割下来的余料来完成，然后再用粘合剂加以固定。

保　养

石头并不是坚不可摧的，所以为了确保能正常使用，有必要经常进行日常保养。安装后立即进行密封处理可以防止尘垢的逐渐累积。另外，还要时不时地更换密封剂。石质瓷砖也一样要在水泥填充前后进行密封处理，防止污垢形成。

安装后的台面要用中性清洁剂或温和的洗涤液清洗干净。清洁剂不要用得过多，最后要用清水洗掉所有的泡沫。

柠檬、可乐、酒和醋等酸性物质对石材饰面造成的破坏尤为严重，因此使用这些东西之后要立刻擦拭干净。

不要在表面使用油或蜡光剂。

石质地板也需要相同的保养程序，必须用干拖把清理。这种地板容易有刮擦，因此需在门口处放块垫子，防止灰尘和沙砾被带得到处都是。不要用湿拖把。和台面一样，不要在地板上使用油和蜡光剂。

砖和陶瓷 Brick and Ceramic

　　取一小块泥土，加点稻草，制成一个矩形的模子，然后放在太阳下烘烤。砖块以及一部分瓷砖都是由最简单的原料制成，工艺简单、易于保存。一般来说，砖块大多只有手掌大小，自古埃及时期起便被用来做建筑材料，并一直沿用至今。砖块和其他陶瓷制品既温润又精致，富有韵律和规律，因而备受人们青睐。

　　砖并不像石材一样厚重和结实，但也拥有石材的一些好的特性。砖块密度大，吸热和散热都很慢。你以前试过在傍晚时分站在面朝西方的砖墙边上吗？一定感觉得到墙面释放的既温暖又舒适的热量。砖块也是人类精神文化的一部分，人类各朝各代都使用过砖块。人类发现用木材建造的城市容易被大火摧毁，便转向将建筑物的外层结构用砖建造，这样一来就不易被大火烧毁。

　　与其他建材相比，砖块价格便宜、操作简单，因此在 18 世纪早期便已成为许多北欧和南美城市建设的首选。伦敦和纽约那些早已铭记于人们心中的建筑，其色彩和格调也大都是砖饰面风格。

　　瓷砖就是粘土砖。将精炼粘土上釉后烘干，就形成了我们所熟悉的硬质抛光瓷砖。陶瓷是瓷砖的雏形，也是手工制成，但在烧制时并不进行上釉或涂漆。这种建

材常见于南欧、北非和墨西哥，手工瓷砖工艺简易、应用简单，帮助人们奠定了西班牙殖民地和新世界的建筑风格。

陶瓷和瓷砖是厨房和卫生间的理想之选。这种材质防水、易于清洗、耐磨。瓷砖的式样千变万化，可以通过数百种方式结合创造出各种图案和韵味。特别是用于阁楼公寓和乡村农舍的精致结构装修中尤为受欢迎。现在大部分陶瓷和瓷砖都是机械制作的，但在某些室内装修中，有越来越多的人开始喜欢定制个性、唯美的陶瓷制品。

随着陶瓷业的发展，在过去几十年间，室内镶嵌艺术复兴。通过使用大量小块瓷砖和锦砖，依据组合方式不同，可创造出精美的图案和景致。

事　实

砖和陶瓷价格都不贵，易于安装和使用。几乎任何人都可以学会安装墙砖和陶瓷地板。在安装地板的过程中，大块瓷砖适用于开阔的空间，小点的就更适合用在化妆间和较小的空间内。无论使用在哪儿都会增色不少。但仅在小范围铺设瓷砖或地板则不能将这种材料的优点发挥到极致。而如果是大范围地铺设地面、陶瓷砖墙和大型砖面建筑，那其所呈现出的就不再局限于一小块砖或瓷砖的基本功用了。

砖块 Brick

19 世纪之前，所有的砖块都是由工匠们手工制成，且各地区的砖在颜色和风格上都有所不同。但即便在那个时候，无论产地是何处，所有的砖块大小基本上还是相同的。你可以想象，当时各个地区的砖面建筑在颜色和外形上呈现出了多么大的差异。但随着工业时代的到来，出现了许多大型工厂，砖块的规格迅速被统一。现在的砖块和那时候的已经十分相似。几乎所有的砖在泥瓦匠的手中都能完美匹配在一起，其重量也都基本相当。

砖块类型

标准建筑用砖

顾名思义，大小、颜色、重量和密度都相同。

风化砖

有时候也称之为陈砖，硬度较低、磨损程度大。不要与真正的再生砖相混淆。

轻质砖

绝缘效果更好，在烘烤之前砖面上会钻出许多蜂窝状的气穴。

机制砖

这种砖是一种挤压产品，制成后被切分成许多较脆的直边砖。

铺路砖

这种砖比大多数砖块厚，地面和墙面两用，耐用、防水防滑，且易于保养。

质　地

一般来说，砖块应该由专业人员铺砌。相对来说，砖块比较容易沾染污渍，且稍微有点渗水。在使用砖块时，重量是一个重要的考虑因素，在将砖块用于墙面材料时其结构完整性也很重要。其色调和纹理偏暖，因此可排成箭尾形和编篮纹装饰等多种图案。

使用方法

在砖石结构中，砖块用于建造承重墙，也可用于内墙和分隔墙、壁炉四周以及地面。裸露的砖面会让整个现代室内设计洋溢出一种温馨、舒适感。如果用于室外建筑，则一般只用玻璃化砖。

修　饰

一般不建议对该类型的材料作密封处理。室内砖墙要不时地除尘，砖面不必作特殊保养。如果砖面出现风化（白色无机盐沉淀物），用温水简单地清洗即可。为了增加砖面颜色的多样性，可进行涂漆，涂过之后还是会保持其固有的式样和韵律。

赤土色瓷砖 Terra-Cotta Tiles

与砖块相似，赤土色瓷砖最初也是由粘土和泥土混合而成的手工制品。这些瓷砖可上釉，也可保持原样。由于土质差异，其颜色和底纹大不相同。但大部分底纹都是红色或赭色。由于手工处理的不规则性使赤土色瓷砖的特性和活力得到极大增强，而机械制成的赤土色瓷砖就比较统一，但仍能保持手工瓷砖多彩、淳朴的特性。

类　型

未上釉的手工瓷砖

在北美洲，由传统手艺工匠们手工制成的瓷砖随处可见。当然许多产自墨西哥的瓷砖是也用传统方法制成的。将泥土和粘土混合，然后用手定型。在阳光下烘烤之后，转移到烧窑中作最后烧制、上釉等等。比较浅的底纹有粉红色和淡黄色，多见于法国南部，深红色和赭色瓷砖多见于意大利北部。墨西哥产的瓷砖多为橙色系，底纹多样，抛光颜色较深。

未上釉的机械制作的瓷砖

机械制作的瓷砖表面抛光较为出色，外形也比手工瓷砖有规律。计算机技术运用到制陶中后，基本可与手工差不多，但在边缘和接缝的柔和度上较难和手工制作的相媲美。

上釉瓷砖

这种瓷砖无论是手工还是机械制成，颜色和式样都很多，适用于任何室内设计。用在哪儿都能产生繁多的花样。

再生砖

你可以在旧的农舍、谷仓和庭院中找到这种砖，在室内设计行业，这种旧的瓷砖很流行。物以稀为贵，难于收集，因而也格外珍贵。

质　地

随着时间流逝，瓷砖表面的铜绿会加深，表面变得像皮革一样。非常耐用，上釉后的瓷砖没有未上釉的回弹力高。和砖块一样，这种瓷砖吸热散热的速度都很慢。瓷砖一般表面上看都是正方形，但大小和形状就多种多样了。

使用方法

未上釉的瓷砖仅用于铺地，由于几乎每个瓷砖的厚度和边缘不同，因此要求专业人士安装。重量也是一个因素，这种砖必须在下面提前铺好一层，并且底层地板要干燥、平稳。直接粘在水泥、砂浆或胶黏剂上，然后再用水泥浆作最后处理。

上釉的瓷砖不太耐用，因此不能用作地板，但如果用作墙、挡板和踢脚板等垂直物体的装饰，反而会营造出良好的效果。

修　饰

有些瓷砖在出售前，制造商已作过密封处理，但大部分都需要购入后再用亚麻籽油密封，因为这种材料本身渗水。要定期清洗，防止沙砾和污垢对表面造成损坏。即使是上过釉的瓷砖也很容易不耐脏。此外，还要避免使用酸性液体和强洗涤剂对瓷砖造成腐蚀。

机制花砖 Quarry Tiles

机制花砖是一种廉价的瓷砖替代产品，由工厂生产而成。主要成分为一种二氧化硅含量极高的粘土，极具实用性。像瓷砖一样，花砖挤压定型，然后烘烤以增加强度和耐用性。

质　地

花砖价格便宜，与瓷砖相比整体给人感觉比较沉闷，其颜色和纹理都不太容易发生变化。

像其他陶制品一样，花砖吸热和散热都很慢，因此是安装在地暖供热设施上的

最佳材料。花砖纹理比较粗糙，一般来讲为方形，颜色范围也比较有限，大部分都是大地色系——褐色、米黄色、红色、淡褐色和黑色。

花砖要定期清洗，防止产生划痕和沟槽。

使用方法

花砖几乎仅限于铺设地板的用途。这种材料尤其适合用在人流量大的地方，比如入口、厨房、花园、日光室和杂物间等。

修　饰

一般情况下，花砖通常只要偶尔用亚麻籽油或蜡光剂处理一下就可以了。

陶制瓷砖 Ceramic Tiles

陶制瓷砖可分为两类：非瓷砖和瓷砖。无论哪种类别，款式、形状、尺寸和颜色可选范围都很广，而且都经久耐用。然而陶瓷砖比非陶瓷砖更结实、更耐用一些。这两种瓷砖都是先用粘土定型后，再放入烧窑内烧制而成。在构成陶瓷砖的众多矿物质中，长石是构成瓷砖的硬度的主要成分，因此陶瓷砖在烧制时温度比非陶瓷砖更高。

尽管陶制瓷砖可以不上釉料，但大部分都会上釉，有些釉料颜色甚至还会穿透瓷片。

质　地

陶制瓷砖在尺寸和厚度上都有规律可循，而且加上瓷砖之间纵横交错的水泥线还能形成紧密的网格状。矩形的"地铁"釉面砖带有20世纪早期的感觉，20世纪20年代和30年代被广泛用于纽约市地铁系统。

所有的陶制瓷砖都很耐用，陶瓷砖的坚固性比花岗岩尤胜三分。这种瓷砖比起瓷砖和花砖，更不易破裂、弄碎。

尽管各地都出产陶制瓷砖，但一些最为奢华的品种均来自意大利及欧洲其他国家和地区。此外，陶瓷砖比非陶瓷砖的价格要昂贵。

大部分陶制瓷砖都配有珠式配件、装饰件和其他相匹配的安装模块。其颜色和样式繁多，几乎适用于从传统的农舍到超别致的现代公寓等任意风格的室内设计项目。

这种材质的缺点是，当用作地面材料时特别冰凉，而且沾湿容易打滑。

使用方法

像其他安装项目一样，装修时最好请专业人员进行安装。由于在运输过程中会有损耗，实际安装中式样选用需求也不同，因此在下订单时要至少预留出超出实际建筑面积的10％的材质。

其中，有些瓷砖较其他的结实。最好事先将其挑选出来，用于铺设那些经常被踩踏或容易积污垢、时常发生摩擦的地方。至于安装方法，与其他类型的瓷砖差不多。为了确保地板在使用过程中性能发挥良好，必须使底层地板结实牢固。

如果能够大胆地利用墙砖，特别是用在厨房和卫生间内，将会非常成功。有些卫生间从地板到天花板，能贴的地方都到处贴满了瓷砖。但一般都会选择只贴到略低于天花板的位置，其上边缘与窗子或其他显著物体的上端或下端对齐。如果是安装在水槽、浴盆或者淋浴设备等有水的地方，要在防水石膏板上使用性能好的的防水胶。

用在台面和柜子等水平面的瓷砖要比用在垂直面的瓷砖略薄一些，并且要着色，作防水处理。这些瓷砖还要进行全面的玻璃钢化处理以保证其能承受高温。

修　饰

上釉后的陶制瓷砖无需再作其他表面处理。所有类型的瓷砖都要不定期用湿抹布清洗。如果水泥浆被污损或脱色，用硬的刷子和温和的洗涤剂清洗。

锦砖 Mosaic

锦砖是室内设计中使用的最小块瓷砖，和其他较大一点的瓷砖一样具有很强的增色效果。锦砖和其他瓷砖的用途相似，但其制作原料为玻璃或混合物，而不仅限于泥土。其制作工艺传世至今已有几个世纪，世界各地都不乏这种美丽的例子。希腊人和罗马人将锦砖几乎用于所有建筑物的墙面和地板，无论是私人住所还是公共建筑。

通常使用许多小瓷砖拼成各种明确的图案、图形或者大片的颜色和纹理。锦砖特别适合用于厨房挡板、浴室隔板、壁炉四周、入口处地板及其他需要纹理和颜色

的空间。

质　地

　　锦砖的魅力在于，它可以创造出两种不同的效果，这完全取决于你是近看还是远观整体效果。近看可欣赏其破碎感和颜色的复杂性，而远观则可看到整体图形和纹理。

　　正如其他瓷砖一样，锦砖的颜色、样式和纹理范围也很广。锦砖有陶瓷锦砖、玻璃锦砖和石头锦砖。玻璃锦砖和陶瓷锦砖大小均等，比石头锦砖更容易安装。现在大部分锦砖都呈薄片状，在建模时会用到网格或纸基。安装人员在铺设锦砖时把它当成一整块瓷砖，然后去掉纸基继续安装。

　　选择使用水泥浆可帮助确定锦砖的最终效果。是使用颜色较浅的水泥浆配合深色的锦砖还是正好相反，设计师有大量选择来创造多种可能性。

使用方法

　　如果做地面材料，其要求和其他瓷砖安装要求相同。磨光或滚磨过的石头锦砖是铺设地面的最佳材料。玻璃锦砖和陶瓷锦砖用作地面材料就不如石头锦砖那么理想。锦砖贴在墙上，曲线柔和。如果安装合理，还能创造出纹理和动态效果。根据你的品位和创造力，其可能性无穷无尽。有时候工匠们会花几周甚至几个月的时间

来创造图案，奇思妙想之后进行不限时的安装，但结果并不一定与时间和花费等值。

修 饰

通常用温和的洗洁剂进行清洗就足以保持锦砖清洁。不要上蜡或使用其他清洁剂。

油地毡 Linoleum

油地毡不是那种会立刻跳入室内设计师脑海中的装饰材料。但它是一种持久、自然的产品，通用、多彩、充满可能性。1863 年弗雷德里克·沃尔顿 (Frederick Walton) 创造了油地毡，它的成分包括：亚麻籽油、黄麻（做衬垫）、松木树脂、粉末状软木、木粉、粉末状石灰石和颜料（用于着色）。将这些混合物压入衬垫内，

经过几个星期晾干，然后在高温下烘烤，最后形成油地毡。大约在30年前，油地毡还很廉价、丑陋、易碎，记得最清楚的是用在厨房、医院和政府机关走廊。现在有了新的制造技术，又加入了明亮的颜色和样式，油地毡已经成为室内装潢中最令人兴奋和感兴趣的材料。这种材料现在已经不那么易碎，延展性增强可使其创造出更加复杂的图案和颜色。

质 地

油地毡表面光滑，有斑驳或颗粒状的外观，分板材和瓷砖两种形式。优质的油地毡很牢固、有弹性，还很厚。将这种材料用在入口处可以产生一种很正式的感觉。

其成分和混合材料不同，制成的产品纹理也不同，通常会稍微有点弹性。一般来说，会呈现斑驳或粒状外观，颜色范围从柔和的茶色到充满活力的单一三原色不等。

尽管油地毡防水，但如果水从接口处渗到地板下面的粗地板，就会对油地毡造成损坏。油地毡还具有阻燃、抗静电和低过敏性。由于具有抗菌特质，因此油地毡依然是许多医院、诊所、学校和其他在铺设地板时卫生为重要考虑因素的地方的首选材料。

油地毡会随着时间的增加逐渐变得更硬、更有回弹力。

使用方法

油地毡通常用作地面材料。虽然主要还是用在厨房、浴室和娱乐室，但如果居住空间内需要有光洁、时髦、优雅的表面，具有新的颜色和样式的新型油地毡也是一个不错的选择。

要确保油地毡地板功能良好，底层地板就必须铺得平稳，一点小的瑕疵和凹凸都不能有。在铺设油地毡48小时之前将其放置在要铺设的位置上，使油地毡适应该空间的温度和湿度。

这种地板最容易安装，即便是业余人员也可以成功装好油地毡。用粘合剂将油地毡固定成自己想要的样式。如果是私人住所的地板，之后还可以拆除或根据需要重新安装。

片状油地毡一卷量很大，比较重，难以掌控，需要请专业人员正确安装。安装人员会对接口处做热定型，确保油地毡在安装后十分平整。

至于样式，可根据自己的喜好，改变棋盘式图案、人字形图案或其他图案的颜

色就行了。如果想弄成装饰性地毯的外观，可以将一种颜色的油地毡围绕在一块空间的四周，中间铺上另一种颜色的油地毡便可。也可以将油地毡剪切成小块，弄成马赛克的效果。在剪切时使用锋利、干净的刀片可确保边缘平整。专业安装人员精通油地毡镶嵌艺术，能创造出稀奇、富有创造力的地板。

修　饰

油地毡不需要作任何形式的密封处理。如果想增加表面的光泽度，可涂上水性上光剂。但是不要作过多处理，不然即使沾上一点水，表面也会很滑。所需的保养工具有轻质拂尘和干拖把或者吸尘器，还有可溶于水的温和洗涤剂。注意别让水渗入接缝。虽然油地毡对许多化学制剂都有抗性，但一些溶剂、烤箱清洁剂和洗涤碱会腐蚀油地毡表面。因为油地毡的颜色是贯穿于整个材料，因此小的污损可以轻易擦掉，而几乎不影响油地毡的表面。

乙烯基塑料 Vinyl

乙烯基塑料是一种人工合成的热塑性塑料，发明于 20 世纪 50 年代，其基本成分为聚氯乙烯或 PVC。虽然主要用作家中的地面材料，但 PVC 材料加热后会变得柔软，因此根据用途不同可将其塑造成许多不同的形状。

尽管环保人士不建议使用乙烯基塑料，但这种地板耐用，可使用几十年，并不是一次性产品。

正如油地毡一样，乙烯基塑料地板也很实用，常用于厨房、洗衣房、浴室和杂物间。乙烯基塑料的最终产品有瓷片和卷筒两种形式，其衬背决定产品的耐用性。这种产品包括衬背、印刷层和一层透明薄膜，用来保护乙烯基塑料不被划破。

质　地

乙烯基塑料易染色，因此其颜色、样式和材质可选范围广。印刷和压花技术使设计师可选择制造简单的纯色地板，或者模仿木质地板、石头和陶瓷砖的外观。乙烯基塑料较其他材料更持久耐用、防水性能更好，而且踩在脚下也比较柔软。

与大多数天然材料相比，乙烯基塑料非常具有成本效益。

但这种材料的不足之处在于会释放出气体，尤其是新材料，一旦着火会产生有

毒气体。由于是一种石油制品，乙烯基塑料不能被生物降解，在处理和拆除室内项目中的乙烯基塑料地板时要格外注意。与石材和其他天然产品不同，乙烯基塑料不会提升房间价值，时间一长就会显得很劣质。

使用方法

作为一种家居产品，乙烯基塑料主要用于厨房和浴室等人流比较大的地方，做地面材料。分为瓷砖和板材两种形式，板材通常有 12—15 英尺宽。

在铺设乙烯基塑料产品之前，底层地板需弄平整、坚固，这很重要。只要稍微有点不规则，就会形成凸起，很快便会产生磨损。

这种类型的瓷砖比板材产品更容易安装，大部分房主自己就能掌握好安装技术。板材产品较重，需要精准的切割技术，通常要借助预制模板。安装中所使用的粘合剂不防水，因此有液体溢出时要立即擦干净，防止破坏底层地板和粘合剂。

修　饰

漂白剂等清洁产品会污染乙烯基塑料，橡胶鞋跟也会。由于这种材料高度易燃，因此无论是香烟或者热的厨房用具都会对其产生永久的损伤。积水会损坏底层地板，还会导致地板变形。

乙烯基塑料不需要密封、上蜡或者抛光。安装后，几乎不用保养。只需要进行日常的除尘和拖洗，便可以保护其外观和表面。

地毯 Carpet

地毯曾经是奢华的象征，而现在则是一种人人都可使用的室内装潢材料。在我们所讨论过的所有经典元素中，地毯与纺织品最具质感，也最富魅力。地毯可将大多数房间的空间感加以延展。如果用在奢华的生活空间，效果尤佳。地毯在各类人群中都十分受欢迎。有小孩的年轻家庭会在房间铺地毯，是因为地毯柔软、保暖，可以保护孩子的小手、小脚。而像我们这些没事就喜欢光着脚在房间里走来走去的人，在房间里铺上地毯很有必要。因为地毯有点消声作用，因此用在卧室相当好。改变不同空间中地毯的颜色和花样，还能有助于区分家中的不同区域。

地毯由许多不同的纤维制成，由于制作过程中所使用的纤维、制作工艺、衬垫物以及密度不同，可供消费者选择的质量和价格范围也很广。一般来说，比较贵的地毯，无论是羊毛的还是人工的，要比便宜的更耐用、更奢华。便宜的地毯不耐用，更换周期要比贵点的短得多。

事 实

地毯铺在脚下，比较柔软、保暖、舒服，还可以消除家中大部分的响声，不受外界影响。

根据具体的安装要求以及铺设地点的易磨损程度不同，地毯可分为许多等级。羊毛和混羊毛地毯是最奢华、最耐用的地毯。

根据地毯的成分和上面所摆放的家具不同，其污损的容易程度也不同。一旦产生污渍要立即处理掉，以保持其性能优越性。地毯不能大面积暴露在水里，因此不建议在厨房、卫生间或其他有水的区域使用。

地毯的宽度范围很广，从 27 英寸到 13 英尺不等。

使用地毯的不好之处在于，容易粘到宠物毛发，还容易生成螨虫、跳蚤和其他微小害虫。因此要对地毯作深度清洁，特别是如果家中有人过敏。

结　构

纺织地毯是一款供大众消费的机织地毯,像手工毯子一样,会将毛绒织进毯子里。这些地毯都很耐用，其类型包括埃克斯敏斯特地毯和威尔顿机织绒头地毯。这些地毯表面都有绒毛，而且通常还有多彩的图案。平织地毯有时表面也会有少量绒毛。

簇绒地毯需要将绒毛插入衬垫，然后涂上胶黏剂。为了牢固起见，还会加上第二层衬垫。地毯表面的簇绒可被剪掉，形成环形，或是将两者结合创造出有趣又结实的图案和纹理。簇绒地毯一般为纯色或者有浅浅的混合底纹。

非纺织地毯会使用胶水将纤维粘到衬垫上，或用针缝到衬垫上。这种地毯有卷筒和瓷片状两种。由于没有绒毛，所以并不贵。这种地毯经过很短的一段时间后就会显得很廉价。

地毯的耐用程度取决于地毯上纤维的紧密程度，织得越密（不是厚度），可使用的时间就越长。用手指按压地毯，如果按压后反弹，就表明织得很紧密。地毯表面绒毛的重量也是地毯耐用程度的一个指标。用在家中卧室或其他不太使用的房间中的地毯，其每平方码的绒毛重量在 1.75 磅左右。

若是用在使用程度适中的客厅中，每平方码绒毛的重量要在 2 磅左右。用在家中使用量大的地方，如楼梯和入口处，其每平方码绒毛的重量就要在 2.5 磅左右。

纤 维

羊毛是地毯用料中最奢侈、最柔软、最庞大、最昂贵、性能最好的纤维。羊毛的颜色多种多样，产自新西兰的羊毛最适合做地毯。大部分的羊毛在出厂之前都要经过防虫处理。羊毛混纺所制成的产品，其耐用性更强。将羊毛和尼龙按照 4∶1 的比例混合好，这样织出来的地毯既具有羊毛的外观和舒服感，又具有尼龙超强的耐用性。

在目前的地毯市场上，尼龙是使用最广泛的一种纤维。尼龙非常耐用、持久、抗污染，而且颜色和样式的可选范围广。优质的尼龙摸上去是柔软的。正如任何材质的地毯一样，其绒毛越密集，地毯就越耐用。

由于聚酯纤维（伸缩尼龙）柔软、厚实，并有着割绒纹理，因此它经常被用于制造粗毛地毯。此外，聚酯纤维的可选范围也很广。

聚丙烯（烯烃）是一种价格便宜的柏柏尔地毯的常用纤维，这种地毯很容易变平。聚丙烯做成的地毯耐用、防污、不褪色。

丙烯酸在外观和质地上类似羊毛，但是远不及羊毛昂贵。丙烯酸通常是天鹅绒地毯的原材料。

粘胶纤维用在最廉价的地毯上，很容易弄脏。

绒毛类型

割绒具有柔顺的无光表面和质地，比其他绒毛地毯更易显示台阶形状。天鹅绒比割绒更加柔软、顺滑、耐用。天鹅绒也比较容易显示台阶形状。

毛圈式地毡表面有未切割的毛圈。毛圈的长度决定地毯的轻重。布鲁塞尔编织毯是毛圈式地毯中比较紧密、价格较高的地毯，起圈地毯是一种短绒地毯，非常结实耐用。

柏柏尔地毯是一种将毛圈式地毯技术和未染色、杂色或带有斑痕的羊毛相结合起来的地毯，这种地毯铺在脚下给人毛茸茸的感觉。

割绒和圈绒混合毛毯可创造出根据毛圈相对毯面的高度而决定的样式。这种地毯也很耐用。

用在楼梯上的割绒地毯，其纤维紧紧缠绕在一起，整体感觉比较平滑，不会显示出台阶的形状，比较结实耐用。

长毛绒粗呢地毯在数年间起起伏伏，时而流行，时而过时。这种地毯的纤维很长，有时候长度会达到 2 到 3 英尺。但长毛绒粗呢地毯很难保持清洁，因此不适宜用在踩踏严重的地方，不能用在楼梯上。

安　装

由于大部分卷状的地毯都很重而且很长，因此需要找专业人员来安装。地毯一定要伸展铺平，覆盖到空间的各个角落。并且底层地板一定要平滑、干燥。最好事先规划一下将地面与门之间的距离留出，这样开关门就比较自如。在铺任何类型的地毯之前都要在底层地板上铺上油地毡纸，这样可以确保地毯背面的泡沫不会粘在底层地板上。

任何纤维地毯都需要衬垫。对于纺织地毯，最好使用黄麻或由黄麻和毛发混合的衬垫。而簇绒地毯，使用不破碎的泡沫衬垫会比较好。

保　养

虽然在出厂之前会作局部的防污处理，但最好在安装后再作一次处理。至于具体怎么处理，交给当地的专业人士或地毯零售商好了。

地毯铺好后的前几周在使用过程中会掉毛，这时候用吸尘器清理的次数不宜过多。等地毯绒毛不再掉落了之后，每周可以清理 2 到 3 次。

要时常注意不要形成污渍。不能大面积浸水，也不能使劲搓洗。地毯上一旦形成污渍，如果是水溶性的，用温和的清洁剂和水清洗；如果是油污，用干洗液。

小地毯 Rugs

小地毯样式、纤维类别、尺寸、价格和颜色繁多，是室内设计中的主要材料。
这种地毯可使原本平淡无奇的空间充满温馨、舒适感，并带来视觉冲击。小地毯常

用于就坐区、餐厅、入口和走廊。这种地毯和之前提到的编织毯一样能降低噪音。但与编织毯不同的是，小地毯可以旋转来减少磨损，卷起来存放或者移到家中的其他地方。

　　一般不建议将小地毯叠放在大的编织毯上。若用在硬木地板上或石质地板上，为安全起见，小地毯背面一定要有防滑垫，这样还能延长地毯的使用寿命。如果地板不平整，小地毯背面的衬垫还能防止磨损。要经常用吸尘器清理地毯，防止污渍和沙砾损坏地毯。如果有穗，要轻轻刷洗，保持表面干净、整洁。尽管一些棉质地

毯可以进行水洗，但建议最好进行专业保洁。

小地毯的纤维种类很广，有尼龙、蚕丝、竹子、棉花和羊毛。

事　实

羊毛小地毯的种类繁多，许多地毯的制作工艺流传了几个世纪之久。或许最著名的要数波斯地毯，这种地毯一代又一代传承下来，制作工艺变得越来越精良、娴熟，波斯地毯历时已有几个世纪之久。这种密密的毯子为手工编织，原料一般为羊毛或蚕丝。地毯的设计图案包括天堂花园、祷告拱门、生命之树等许多与地毯起源的这个部落相关的各种图案。当然也有机器编制的现代地毯，通常其原料为羊毛和尼龙混合或者全人造纤维。机织地毯远不及手工编织的精美，因此价格相对比较便宜。

中国地毯与波斯地毯类似，也是由羊毛和蚕丝制成，但一般来讲会更厚，而且样式更多。

中国西藏地毯是将羊毛手工编织而成，地毯表面比较粗糙。

土耳其地毯也是由羊毛织成，主要来自于中部和近东地区。这种地毯也有机织类型。

土库曼和布哈拉地毯来自中亚，原料为羊毛，一般会有一个柔和的、接近黑色的调色板。

高加索地毯色彩明亮，其精美程度上就不如其他波斯风格的地毯，通常为平织，并不会打结。

花毯是一种由阿富汗、土耳其和北非游牧民族编制的平织粗毛地毯。地毯图案大部分都是几何图形，色彩一般有黑色、深红色、蓝色和奶油色。高品质的花毯价格十分昂贵。

印度手纺纱棉毯是一种棉质编织毯，基本都是平织的简单几何图形。这种地毯便宜，因此可以用洗衣机洗，而且一般为双面布料。

塞拉普毛毯与印度手纺纱棉毯相似，不同的是前者为平织羊毛毯，其颜色也很明亮，图案也是几何图案。

希腊手织粗厚绒面地毯是一种粗毛地毯，材料为自然白或灰白羊毛。

工艺地毯是一种钩针编织地毯。地毯原料为羊毛、棉花，有时会用蚕丝。

当代地毯的式样、颜色和大小可以选的范围很广，这种地毯所使用的材料也很广。羊毛、尼龙和棉花是最常用的原料，而这种小羊毛毯和大地毯一样既奢华又耐用。有些设计师已经创造出许多名牌地毯，这些地毯的价格非常昂贵，但是极其好看。

纺织品和纸张 Textiles and Papers

如果说地毯是设计界的魅力贵妇，那么纺织品和纸张就是真正的实干家。随着

20世纪早期印刷技术的发展，纺织品的颜色变得多样化起来。设计师和艺术家将自然元素应用到纺织品和纸张中，使这些材料的图案变得越来越繁多。在英格兰，中产阶级迅速增长，从市中心到市郊逐渐蔓延开来，许多设计师对供大众消费的工艺元素以及墙面材料和纺织品进行了重新构思。

纺织品用在室内可以有效控制噪音，如果用作窗帘还可以起到绝缘作用。现如今其选择已经多样化，用作墙面材料的纺织品随处可见。设计师如何多元化地使用它们已成为真正的挑战。如果安装步骤没有纰漏，大部分纺织品不会出现什么问题，一旦安装好了之后，极少需要护理。

如果用作衬垫物，纺织品可以传达出一种幸福感、温暖感和舒适感。无论是羊毛、棉质、亚麻布、尼龙或者混合材料，选用合适的纺织品都能有效地明确室内的装潢风格。如果在家中大量使用纺织品，不论是衬垫物还是窗帘，最好找专业人士，也可以找有经验的非专业人员。如果做衬垫物，要事先准备好木质框架；如果是窗帘，会包含许多细活，这些均不适合自己动手做。

墙面材料也可以改变整个房间的格调。现在的乙烯基墙纸有许多纹理可供选择。有了这些墙纸，原本不适宜用较重或有纹理的材料的地方也可以进行装潢。墙纸也是设计师用来增强房间风格和图案的可选材料。

专业室内设计人员可将纺织品和纸张以及其他应用于现代室内设计中的古典元素结合起来，来为其家人和朋友创造出一个温馨、舒适的环境。

事 实

纺织品和纸张可为现代室内设计提供大量图案、纹理和颜色。许多纺织品和纸张可提供其他材料不具备的纹理，而这些纹理又是选择过程中的主要元素。有些设计既有纺织品形式又有纸张形式。这两种材料处理后还可以防火、防潮，有效减轻磨损。

在进行具体工作时，选择合适的重量很重要，一般建议聘请专业室内设计师。现在的纺织品和纸张种类这么多，建议在完成装潢之前从存货中剪下一块样品，以保证你所选择的物品跟样品相符。

纺织品选择中应注意的事项

纺织品的选择取决于所要装修的房间内的物品风格，以及你是想要有图案的

还是纯色的。你所需的纺织品只是用作毫不起眼的窗帘帐幔，还是想更加惹人注目些？这种纺织品是可以机洗的还是必须干洗，并且清洗方式不同会对你的选择有影响吗？将纺织品置于自然光下，拿出一块足够大的样品以检查整个纺织品的图案重复情况，纹理和颜色是否有改变。一定要保证有足够的纺织品可以完成整个装潢。不同纺织品的染色的地方通常不同。

纺织品的类型

棉花是一种通用的纤维，能以不同的方式编织成各类纺织品，用途多样。这种纺织品容易染色，还可以与尼龙或亚麻等其他纤维混合，创造出一种耐用且用途广泛的纺织品。

醋酸纤维是一种人造纤维，当用在窗户等其他掉色严重的地方时，是一种极好的蚕丝替代品。这种纺织品不会掉色，但使用时间一长就会变得脆弱易碎。

织锦是一种奢华的纺织品，有凸出的提花图案和华丽的外观，其原料通常是羊毛、棉花、蚕丝或混合纤维。

帆布是一种粗棉面料或棉麻混料，适合用在罗马帘、床罩和一些需要耐磨面料的地方。

印花棉布是一种棉质面料，有时候会对这种面料作处理，使其表面更为光滑、有光泽度。印花棉布很适合做帷帐和窗帘，通常这种面料颜色多样、富有活力。

锦缎上面会织出特定的图案，其面料有蚕丝、棉花、亚麻、羊毛和各种各样的人造纤维。

双宫绸最初是一种印度手织薄绸，但现在多为醋酸纤维或纤维胶制成。

条纹棉布是一种格子状的棉布，用在室内设计中能创造出舒适感和纯朴感。

蕾丝具有精美的开放式风格，以前只能手工织成，因此非常昂贵，但现在机织蕾丝广泛用于门窗装饰、床上用品和桌布。

亚麻布是一种由亚麻植物制成的天然纤维，亚麻布很结实，但是容易褶皱。棉麻混合后，就不那么容易起皱。如果用作衬垫物，就不必担心会有起皱问题。

云纹绸通常也叫波纹绸，表面有波纹状稍微突起的图案，颜色多种多样。

棉布是一种价格便宜的轻质纯棉面料，通常用做窗帘和床上用品，有时候也用作窗帘的内衬。

伸缩尼龙是一种人造纤维，用作窗帘很有垂感。

丝绸由桑蚕吐出的绢丝制成。丝绸的拉伸强度大，色彩绚丽，可以织成各种不同的图案，而且摸上去很柔软。优质丝绸印花精美，织工出众，因而价格昂贵。由于直接暴露在阳光下会干腐，因此除非有很厚的内衬，否则不建议用作窗帘。

塔夫绸是一种以平纹组织制织的熟织高档丝织品，用作窗户装饰，能创造出如舞会袍般华美的感觉。

天鹅绒，无论是棉质、丝质，还是亚麻，都是一种象征奢华的面料。天鹅绒表面有深色的绒毛，其耐用性可与许多现有的人造纤维相匹敌。

毛织品编织紧密，极有重量，因此是很好的窗帘装饰布料。羊毛还可与尼龙或棉花混合，织成更具有分量的花呢，很适合做衬垫物。

使用方法

纺织品非常通用，如果运用得当就能创造出温馨、舒适的室内环境。可以说，纺织品是万能的，可用于室内各个角落。根据选材不同，纺织品可被制成窗帘、衬垫物、靠垫、枕头、床罩、被子和桌布等等。纺织品还被用在餐厅里做墙纸，或者用在办公环境中控制噪音。事实上，纺织品的用途根本没有限制。

墙纸：选择和悬挂 Wallpaper：Choosing and Hanging

像印花布一样，墙纸的色彩纷繁、风格迥异。如果选择合适的墙纸，这种活儿最好留给专业室内设计师来做。设计师对将要布置的环境了如指掌，他们知道要选择什么厚度、风格和颜色的墙纸才适合。尽管许多人都试图自己贴墙纸，但最好请专业设计师来完成这个工作。

要贴墙纸的墙面必须清洁、光滑，并用油或用厂商建议的其他产品进行密封处理。已经贴了墙纸的墙面不能再贴一层墙纸，也不能将墙纸贴在涂过油漆的墙面。贴一层衬纸可以确保所贴的墙纸平滑。许多较为昂贵的丝网印刷墙纸出厂前没有作切边处理，因此在贴到墙上之前要将纸的边缘切齐整。

到目前为止，机器印制的纸张是当今市场上最为普遍的纸张类型。这些墙纸均采用凹版印刷或转子印刷技术，质量差，价格相当便宜。

　　大部分专业室内设计人员会选用丝网印刷墙纸，以创造出新鲜、独特的多彩设计。墙纸的价格取决于墙纸所用颜色的多少，因为在上其他颜色之前，每种颜色都需单独上色、干燥。丝绢网印花技术是将图案浸入丝印油墨中，上面加层胶体以防止油墨漏出。图案中的每个颜色都要单独进行印刷。整个操作过程要么是机器进行要么是纯手工。这些墙纸一般都不会进行切边处理。

　　手工印花墙纸，通常也叫做木板印刷墙纸，会使用独特的喷墨木板，然后将这些木板压在纸上。这种技术很浪费时间，而且花费很贵。

　　天然纤维墙纸，如夏布、粗麻布和黄麻都会有纸基，然后和其他墙纸一样贴在墙面即可。

　　还有宽幅墙纸，经常用作商业用途。

　　卷筒的墙纸一般在尺寸和形状上没有固定的标准，但一般来讲，美式卷筒墙纸为 27 英寸宽，5 码长。这种墙纸一般都以 2 卷或 3 卷出售。欧式卷筒墙纸一般为 21 英寸宽，11 码长。这种墙纸一般两卷打包出售。在测量墙纸时，一定要选好使用哪种规格。

二

与时俱进与持久耐用：当代

Updated and Durable: Contemporary

　　除了工业革命，人类历史上再没有其他的事件能对当代的社会经济和文化状况产生如此深远的影响。从大约 18 世纪 70 年代开始一直到 19 世纪末，这一历史性重大事件改变了全世界商品的生产方式和配送方式。手工劳作转变为机械制造，其生产力得到了极大的提升。此外，也产生了一大批富裕的中产阶级，这又反过来促进了室内设计服务项目的需求。室内设计正如我们现在所知，是工业革命的直接产物。

　　到 19 世纪末，设计师和家具制造商开始关注应用于工业和商业设备上的生产材料，因为他们发现这些材料值得用在住宅设施上。这是现代主义的产物，反映了住宅室内设计中的一种创新方式。这种交叉创新方式的运用以包豪斯建筑学派的设计和勒·柯布西耶、密斯·凡·德·罗以及查尔斯和雷·伊姆斯这些人为代表。到 20 世纪，苏格兰设计师查尔斯·罗内·金托什和艾琳·格瑞等人吸纳了这种新方法。

　　新极简主义最根本的变化是开始注重材料的实用性，而不仅仅只从美观出发。1925 年在巴黎举行的世界博览会——现代工业装饰艺术国际博览会将美观、实用、优雅、魅力与现代以一种前所未有的方式结合在一起。装饰艺术的线性对称完全背离了新艺术主义所讲究的线条的流动性和平滑性，并且开始使用铬合金、不锈钢、石材和贵金属等现代材料。

现代艺术在一定程度上起源于最近流行的再利用、革新和复原趋势。将马车车库视为公寓住宅，将阁楼视为民房，将工厂视为多用途场地。由于有大面积的裸露砖墙和混凝土地面，这些地方的室内装修就需要用到更为结实坚固的材料。于是设计师又将目光转向用在室内空间中那些适于人们居住的材料。

尽管有些人声称这些地方也可以变得温馨、舒适，但现代设计师还是摒弃了那些柔软、有居家感觉的材料。新的设计井井有条，有棱有角。由于设计中充满了海绵状空间和硬质表面，因此运用地毯和纺织品就成为控制噪音最有效的方法。送货毯子变成衬垫材料，木托盘变成床架，网格变成精美、优雅的设计材料。

这些材料随着时间持续而发生变化。混凝土在重量上变得越来越轻，在有些情况下，几乎变得透明。玻璃经改造之后，变成双层玻璃，还有了新的颜色，并能够与外界隔开，留出私人空间。如果没有设计师和客户的需求，所有这些改变原本都无法实现。设计师运用他们的智慧与渴望迎接这个新时代，他们不问出处尽最大可能运用周边的材料。橡胶地板、陶瓷印相工艺、装饰玻璃以及金属织物只是现代专业室内设计师所运用的众多创新材料中的一部分。

混凝土 Concrete

混凝土原本用在住宅房基和底层地板的建筑设计中，现在这种材料已经从幕后走到台前，成为现代室内设计中重要的组成部分。以前混凝土大都用在毫无生气的公共停车场或是毫无美感可言的公寓大楼，现在这种材料通过上色和修饰技术的运用，已经转化成全球许多住宅设计中的主要亮点。

前卫的室内设计师和建筑师早在几个世纪之前就开始使用露石混凝土作为最终的室内表面。混凝土粗犷、坚实的外观正是吸引设计师创造极简抽象派室内设计的元素。这种由混凝土所散发出来的能量使原本灰白、乏味的室内设计充满新的活力。

如果安装正确，又进行了适当的表面处理，混凝土台面和工作台几乎会呈现出永久完美性。

随着新技术的运用，混凝土可被塑造成浴缸、水槽和其他家用容器。雕刻和铸造技术越来越发达，地板和墙面也呈现出新的深度和自然感。而且现今的混凝土重量越来越轻，使其成为一种易于安装的石材替代品。

事　实

混凝土的生产成本低，易于塑造成各种形状，而且非常坚固。像石头一样，混凝土吸热和散热慢，常用于被动式太阳能损益区域。

混凝土的许多属性都来源于基本成本的功能。沙子、水、碎石和波特兰水泥混合能创造出不同的密度、重量、性能特点和外观。一些环保人士建议使用火力工厂的一种副产品粉煤灰来代替波特兰水泥以减少二氧化碳释放。

如果没有质量问题，混凝土可防火，难以被破坏掉。尽管冰冷、坚硬，但一般很潮湿，可以防虫。

如果不作合适的密封处理，就很容易沾上污点，否则不怎么需要保养。

混凝土可以现做现用，也可以事先铸造成平板、块状、地砖以及薄薄的护墙板。

重量较轻的混凝土块比较重的混凝土绝缘效果好，新的半透明的混凝土可以让光线穿透，让室内不再黑暗。

一定要请专业人员来混制混凝土，并且无论何时在新浇混凝土周围工作时要穿上防护衣，以免被飞溅的混凝土烧伤皮肤。

在使用之前一定要对混凝土作全面精心的处理，如果暴露在外一定要作特殊处理，以免混凝土持续脱落或碎裂成细粒。

现场浇筑 Cast On-Site

绝大多数用在住宅建筑上的混凝土都在用料现场进行浇筑。对于新建工程，需要一个广阔的场地来制造混凝土，然后转移到浇筑地点，最后硬化4周左右，所有这些都不成问题。如果要在室内用混凝土，那众多麻烦就产生了。由于室内的墙壁以及现存的各个表面都需要保护，选择在哪里混合、转移和浇筑混凝土都成为很现实的问题。

最好请专业人员或喜欢自己动手又非常有经验的人士将沙子、水、细砂石和水泥进行混合。沙子太少或者水太多，混凝土的硬度都会发生变化，可能就会变得不够结实。如果水泥太多，当混凝土干了之后就容易破裂。

细砂石的种类和比例不同会影响混凝土的外观。混合的细砂石越多，最终产品的密实程度越小。标准的混凝土为灰色，颜色较白的混凝土用白水泥和白色的碎石制成。

质　地

将混凝土浇筑在钢拉杆、电线或网丝上，就可转变为一种结构性材料。它被广泛用于房基和结构性支撑。尽管只需花几个小时就能将混凝土固定好，但要花一个月左右的时间才能彻底固化，有的地方还要暂时禁止人入内。在整个固化过程中，该地区的温度要稳定且远远高于临界点。如果温度在临界点上下波动或接近临界点，就不能进行固定操作。

在生产混凝土的过程中通过往基本混合成分中增加染料还能给混凝土上色，而且上色很容易。

将水泥与水混合会发生化学反应，生成塑性混凝土，如果混合物溅到皮肤上会造成烧伤。

使用方法

混凝土用于为石材和陶瓷等重型材料打基础或做底层地板，也可以直接作为地板。加入染料，再作抛光处理，混凝土可能ｊ很好的地板材料。混凝土适合做地热系统材料。

可将混凝土灌入模具中，然后再安装。这种模具通常是木质或金属，在安装过程中模具起到支撑作用，安装完成之后再将模具撤除。用模具可以制造出样式繁多、形状和纹理各异的混凝土块，还可以在其表面做标记。

混凝土可做台面、地板、水槽、浴盆、桌子和工作台。

修　饰

用沙子和水泥层作最后修饰可使表面光滑。

石材、贝壳和玻璃等各种元素都可以插入湿水泥中，磨光完成后，就形成最终的成品。这种方法在台面、水槽和浴盆设计上得到非常有效的运用。特殊的地板漆色彩繁多，为混凝土修饰增加了设计选择。

混凝土渗水，应该用自动调平的有机玻璃或环氧树脂进行修饰，形成有光泽感、结实又抗化学腐蚀的表面。

还可聘请专业人士在混凝土表面覆盖其他材料作防滑处理。

混凝土瓷砖、混凝土板材和混凝土砌块 Tiles，Panels，and Blocks

不在现场或预先浇制的混凝土格外引人注目，不可能看不到。在这种易于管理的形式下，混凝土比较容易使用。这样能缩短工期，不必等待混凝土固化，而且施工过程也不那么脏乱和具有破坏性。但用预制的水泥在施工中却需要花些力气，还需要有一定的技巧。

装饰性混凝土瓷砖有各种各样的颜色和形状。可将它们用在室外露台、小道和路边缘，或者用在室内做地板。这种瓷砖的纹理可被磨光成光滑平面或带棱纹的表面，而用来填平的水泥砂浆可选择整体颜色中的一部分或在明暗度上与整体形成反差。

在计算机控制下，通过蚀刻和雕刻技术，能创造出许多图案和纹理。许多这种类型的瓷砖都是定制的，因此在价格上要比普通混凝土瓷砖昂贵，但这也取决于匠师的格调中所增加的元素亮点。雕刻的混凝土可用在墙上或做防溅水挡板。如果密封处理得当，还可做地板，但这需要特别养护，而且铺在脚下会感觉不太平坦。

质　地

由于混凝土砌块采用蜂巢状设计，因此它在重量上较轻，在绝缘性能上也更好，很适合做外墙、分隔墙和小型构筑物。混凝土瓷砖能造出类似石材的纹理，颜色上也能与任何室内设计相匹配，而且厚度各异。

用于室外的大型混凝土板材比较厚，不容易受天气影响。陶瓷砖和石质瓷砖比用于户外的瓷砖要薄一些，要安装在一个坚固的底层地板上，在接缝处抹上灰泥或水泥浆。预制混凝土板材厚度可选范围广，用于室内外皆可。尽管薄的混凝土瓷砖可用粘合剂粘住，但较厚的板材必须用金属支撑结构固定在适当的位置。

使用方法

混凝土砌砖在垒砌过程中要用到灰泥，垒砌方法跟普通砖块类似。将这种蜂巢状的砖块面朝外，这样垒起来的挡板或墙就会呈现出跟屏风一样半透明的效果，这种砌砖用来做花园围墙和室外分隔墙十分有效。

用作地板，底层地板一定要足够结实，能够承受混凝土瓷砖或板材的重量，还要平整、干燥、光滑。加入其它图案和颜色可以使原本乏味、无趣、朴素的混凝土地板增色不少。

尽管任何混凝土瓷砖或板材都可以用来贴内墙，也可以有效地呈现出室内设计风格，但最常用的类型为手工制作的工艺类型瓷砖。

修　饰

除了密封，基本不需要对混凝土作任何修饰工作，如果有必要，可以在上面覆上油漆或其他装饰性配料。

如果没对混凝土作局部处理会很容易造成污染。

半透明混凝土 Translucent Concrete

不是全透明的，而是极美的半透明状态，这种混凝土元素已经改变了我们"看待"混凝土的观点。上千个光学玻璃纤维组成一个矩阵，然后在两个主要的混凝土界面之间呈现平行分布。其中，纤维在整个混凝土总量中所占的比例很少（4%）。此外，这些纤维的大小微不足道，可以作为混凝土成本的一部分混入混凝土中，成为结构性成分。因此，混凝土的表面仍然为均匀的混凝土。匈牙利建筑师阿伦·洛孔济（Aron Losonczi）在 2001 年发明了半透明混凝土品牌 Litracon，这种创新的产品使混凝土的用途得到延展，不仅可以用作结构性材料，也可用作装饰性美学材料。

质　地

半透明混凝土尺寸不一，有砌块和板材之分。花样和图案可根据室内设计的具体需求而设计。

从结构上来讲，其性能与标准混凝土砌块无二。

用于传输光线的纤维的最大透光厚度为 60 英尺，也就是说墙壁在几英尺厚的情况下其透光度也不会有明显的损失。

使用方法

用作外墙、内墙或屏风，透光混凝土可将光线引入没有窗户的房间。由于在早晨和傍晚自然光的角度较低，因此将透光混凝土用在向东或向西的一面会使光线加强。内墙板打上背景光会创造出闪烁的效果，相当梦幻。

预制混凝土 Advanced Cast Concrete

这种较为新型的混凝土是天然石英砂和复合水泥的混合物。尽管很结实也很密实，但这种材料并不重，与石材一样耐用，重量却远不及石材重。

这种材料可被生产成板材、柜台、楼梯等其他产品，还可以定制规格，安装时对现有的室内装饰物破坏程度小。这种混凝土的颜色多样，有种高科技和井然有序、与时俱进的感觉。预制混凝土在出厂被送往施工地点之前就已完成抛光和密封处理。

质　地

预制混凝土板材重量轻，尺寸和厚度不一。其表面比层压板冷清，但较石材温暖。这种混凝土比现场浇筑的混凝土轻且易于安装，其设计的可能性和涂层也不受限制。

使用方法

预制混凝土可用于厨房和浴室的台面，可以预定开口按规格裁剪的水槽和水龙头，也可以雕刻成有锯齿状边缘的排水凹槽。这些物件都会提供便于安装的衬背，很容易装在适当的位置。

其表面耐热、抗菌，如果密封合理还能防污。

如果在墙上进行垂直安装还有薄的复合片可供选择。弯曲有角的楼梯和台阶竖板有多种颜色和涂层可选。家具材料、架子、壁炉、挡板、门框和其他结构都可以用这种材料。

修　饰

大多进行数生产商都会预先对表面进行密封处理，使其具有耐热和防污的特点。

水磨石 Terrazzo

水磨石是一种和水泥同类型的高档材料。其商业用途广泛，但在气候较为温暖的地带被大量用于住宅建设。水磨石因其固有的硬度，自 20 世纪中叶便被用于各种零售店、超市和办公楼。此外，在美国西南部和其他南部诸州，水磨石用于住宅也已有数年。

构成水磨石的原材料与混凝土基本相同，均是水泥和粒料的混合体。但水磨石所有的设计亮点全都体现在浇注过程中，这一过程中会加入有色玻璃、大理石和有色花岗岩碎片。这些添加的元素会使水磨石表面光芒闪闪，效果十分诱人。

在许多住宅设置中，水磨石都是在现场混合和浇注，之后加入黄铜或金属片进行膨胀或收缩。然后平整地铺到地面上，用松脂或浆糊进行填充和密封，使其表面光滑，之后再进行加工处理，打磨出高光。

提前浇注的水磨石地砖很容易安装，但无论哪种地砖都需要专业安装人员协助安装。地砖下要铺一层平整的底层地板，并用黄铜或镀锌材料隔开。

质　地

水磨石坚硬、冰凉、噪音大。这种地板跟石材地面一样，东西掉在地上就会摔碎。但如果用在气候暖和、炎热的环境中，其优势就很明显，可以保持凉爽。

尽管水磨石种类繁多，但大部分背景柔和并夹杂着骨材自身斑驳的图案。一些手工水磨石砖还会专门添加某些骨材来预设地板颜色。

与其他瓷砖一样，其图案、样式可通过添加颜料和修饰来完成。

水磨石造价跟石材一样昂贵，如果当场铺设，价格会比瓷砖更贵。但水磨石非常耐用，物有所值。

水磨石如果磨光程度不高，或者处于干燥状态下，一般可防滑。

使用方法

水磨石主要用作厨房、入口、卫生间和过道的地面材料。在美国和世界其他地区气候较为温暖和炎热的地理区域，这种材料也常被用作住宅建筑材料。

修　饰

水磨石用水性局部涂沫剂加以密封，从而达到防污效果。不能用蜡来抛光，否则会变得易滑。用温水和不含肥皂的清洁剂清洗，肥皂会使水磨石表面形成一层容易打滑的薄膜。

金属 Metal

人类首次将金属制造成各种各样、供个人使用的物品的时间可追溯到公元前3500年左右的青铜器时代。五千多年来，我们进行过多种尝试，试图用金属创造出一些坚固、耐用的物品。在我们开始创建高楼大厦时，金属被用作钉子、铰链、螺丝、把手、固定装置以及栏杆扶手和防火墙。最近，人们开始将更多地以结构性和美学的方式来利用金属。现代室内设计师将金属与玻璃并置，来创造出一种洁净、近乎真空的空间。几十年以前，人们只把金属当作一种工业元素，并不十分适合用在住宅室内设计中。但现在不同了，其独特的修饰效果、开放式栏杆以及相对其尺寸呈现出的较强坚固性均使金属成为我们家中不可或缺的一部分。金属和金属镀面已经成为非常别致的设计。不锈钢厨房兼具实用性和卫生性。作为室内设计的元素之一，金属材料比较新奇、清洁和易于使用。

事　实

金属坚固性强。所有的金属都耐用并且防虫。作为一种结构性材料，金属算比较昂贵的，但由于其本身的坚固性，需要的材料较少，因此能降低整体成本。

贱金属对许多元素发生化学反应，因此这类金属大都会随着时间而生锈。铁、铝和铅都是贱金属。这些金属现已被制成各类日用器件。

黄金、白银、铂和铜都属于贵金属，这类金属不会生锈，但时间一长会失去表面的光泽。易生锈和易受腐蚀的金属，在其表面涂上保护性涂层有助于保护这类金属。

所有金属都导电，散热快，吸热也快。

金属有扩音效果，需和其他柔软的吸声材料混合使用，如果使用不当，噪音非常大。

相对而言，金属易于回收。在大多数情况下，超过 90% 的金属都可以回收再利用。

铁 Iron

青铜时代之后便是铁器时代，铁成为制造武器和工具的首要之选。铁矿石分布范围广，相对而言易于开采、熔炼和制造成人们日常生活中所需要的各种物品。

生铁是在熔炉中经过两千三百多华氏温度的煅烧而提取出来的铁矿石。这是铁的最基本形式。钢铁成分中大约有 99% 是生铁。

将融化的金属倒进磨具中，经过冷却后就形成铸铁。铸铁比较脆弱，但比熟铁抗腐蚀。熟铁比较坚固，可以进行拉伸、扭曲、铸打成许多不同形状。尽管现在大多数铁都是铸铁，但在工业化之前熟铁的应用非常广泛。为了制成熟铁，须向铸铁中加入铁氧化物，进行提纯并使其化学性质稳定。铁匠们可将其打造成一般的东西，

如马蹄铁，也可以打造成家中的大门和围墙等精细的物品。当今，熟铁的应用仅限于家中装饰性的物品。

波纹铁于 19 世纪 20 年代诞生在英国。波纹铁是一种有褶皱或波纹的铁皮，这样可以增加其坚固性。波纹铁被广泛用于农场中的结构性附属建筑物和临时性建筑物。

钢铁等许多被打造成波纹形式的金属板材都被称为波纹铁。

质　地

铁的熔点高，非常坚硬，也很重。铁分布广泛，制造成本低。可进行再次利用，但必须保护得当，防止腐蚀。

使用方法

铁用作手柄、铰链、把手、炉壁四周、拨火棍、炉勾等，定期修复十分有效。

铁在 19 世纪时被广泛用作结构性横梁和柱子，而现在我们所见到的对仓库和建筑的翻造也起源于那个时期。

现在铸铁依然用于栏杆和螺旋式楼梯。

修　饰

若将铁用于户外，它将和其他基本金属一样容易受腐蚀，除非表面涂上颜料或油漆。许多波纹五金会在表面镀锌以增强其抗腐蚀性。表面涂漆会使这些金属不和其他元素发生反应，处于全方位的保护之中。

钢铁 Steel

钢铁是一种碳含量少于 2% 的铁合金，是世界上最普遍的材料之一，其每年的产量超过 13 公吨。是建筑物、基础设施、各类工具、船只、汽车、机械和电动工具以及武器制造中最主要的成分。

随着 19 世纪中叶贝塞麦炼钢法的发明，钢铁成为一种大量生产的廉价材料。钢铁建构使建筑物变得更高、更光亮。用钢铁作为上层支撑，从而用玻璃取代了石工墙。碳钢是一种最普遍的钢铁类型，主要用于建筑行业。此外，还有许多其他类型的钢铁，但这些钢铁一般都加入锰、钒或铬形成合金。

不锈钢是钢铁中最富魅力的类型，最具象征性的应用便是 1930 年建于纽约市

的克莱斯勒大厦。该合金包含了铬和镍，不容易生锈且易于维护。不锈钢也是钢铁中价格最昂贵的类型，其表面光泽和涂层的多样性又使其格外珍贵。

　　加入其他金属（锰）可使钢铁的化学性质稳定，不易和其他元素发生反应，加入钨可使钢铁耐高温，镀上一层锌或铝（或者两种金属的混合物）可使钢铁抵抗风吹日晒等各种天气状况的摧残。

　　质　地

　　钢铁要比铁坚固得多，但和铁一样容易受到腐蚀，除非制成合金。其柔韧度很

好，因此便于加工成各种形状。钢铁可制成多种合金，再加上其涂层多样，钢铁几乎应用于生活的方方面面。通过纹理、作垄和波纹处理可增强钢铁的结构强度。钢铁至今已被循环利用很多年。

使用方法

钢铁主要被用作房梁、双头螺柱和承载支撑等结构性材料，可根据客户要求加工成各种室内用具，如楼梯、螺旋梯、地板，并可做建筑物、家用电器、壁橱的电镀材料，还可用作水槽、电梯、水龙头、把手等其他室内用品。

修　饰

有多种涂层可供选择，以防止钢铁生锈和腐蚀。一般来讲，如果用在室内，钢铁不会生锈。

不锈钢表面会出现水斑和油痕。生产商获许的清洁产品可使该材料恢复出厂时的光泽度。

铝 Aluminum

铝主要用于航空航天工业，其用途的广泛程度仅次于铁。若用在家中，主要作为结构性材料，如墙的双头螺柱、门和护墙板。

质　地

铝呈现银白色，比较呆板。抛光后光泽度高。铝的重量轻，抗腐蚀。铝比较柔软、有延展性，导热性和导电性良好，没有磁性。

受过阳极化处理的铝表面多孔渗水，可被染成多种颜色。

高温下的铝其强度和弹力与钢铁相同。

使用方法

铝用于工业设备，例如踩踏的地板。这种地板要么用螺丝拧紧，要么用胶水粘在平整、结实的底层地板上。铝还可用作窗户、门框、百叶窗、分隔物、较为轻型的家具和小型设备。

修　饰

铝特别耐腐蚀，除了基本的维护外，不需要任何特殊处理。

玻璃 Glass

20 世纪初制造工艺的发展将玻璃从一种昂贵的手工产品转化为一种人们可以负担得起的商品。到了 20 世纪中叶，玻璃在住宅设置中的应用已经成为当代建筑和室内设计中最主要的方面之一。人们希望把户外带入室内，从而营造出一种从内到外流动的空间。一直到最近，上釉成为其主要的应用方式。现在水槽（有〝贸易中

的动脉"之称）、地板、板材、房间分隔物以及其他物体将玻璃的应用带入人们日常生活的各个方面。浮法玻璃是最普遍的玻璃类型，生产这种玻璃需要将融化的玻璃倒进锡槽中，进行冷却、定型；然后将玻璃转移到退火炉进行最后硬化。最终的产物便是高度一致、清晰透明的玻璃。

事　实

尽管许多玻璃看上去都一样，但现在市场上可供选择的玻璃种类很多。在进行某个项目时，一定要请专业人员选出最合适的玻璃类型。

玻璃的色彩、尺寸和性能特点可选范围很广。其尺寸的大小多半取决于运输和包装的限制而不是制造难度。

大部分玻璃需要精心维护才能保持清洁、明亮的外表。自洁玻璃可大幅度减少保养的力度。

在房间中大范围使用玻璃，如果天气较为温暖，白天时会给房间加热；如果是在寒冷的夜晚，热度会消散。

玻璃便于回收再利用，二手玻璃其完整性与新的并无差别。

强化玻璃 Strengthened Glass

最近，在玻璃制造工艺中，其创新点都聚焦在加固和减少脆性上。其安全性也在考虑之列，现在的玻璃拥有某些以前不具有的特性，现在制造出来的玻璃在弄碎后不会出现容易割伤或刺穿人的尖利碎片。

夹丝玻璃就是一种最便宜的强化玻璃。生产这种玻璃需从丝网的任意一边将两格玻璃压在一块儿，这种类型的玻璃即使被打碎也会保持一整块，安全性更高。

在制造钢化玻璃时，其温度接近 1200 华氏温度，然后迅速冷却。等到外层冷却时，里面一层还有温度，等到里面温度退却，外面一层被压扁。钢化玻璃比标准类型的玻璃坚固，一旦受到冲击破碎，会裂成一小片一小片，不会割伤人。这种玻璃一旦成型就不能进行切割或另作别的处理，因此必须事先做成需要的尺寸。

夹层玻璃制作时会在两层玻璃之间嵌入一层塑料。受到冲击时，这种玻璃仍能保持其完整性。夹层玻璃的设计用途主要是作为挡风玻璃和车窗玻璃，在发生意外

时夹层玻璃可以有效地防止玻璃碎片扎伤人。

蜂窝玻璃包含蜂窝铝，这种玻璃很轻、很坚硬，足以充当结构性材料及地面材料。

使用方法

玻璃可以是各种不同类型的强化材料的结合体，几乎可用于任何设备。安全玻璃可用在家中的各个地方，如窗户、滑动门和法式玻璃落地门，这种玻璃既安全又坚固耐用。使用玻璃不好的一点是，玻璃的具有透明特质，因此外人可能会在不经意间将里面的事物看得清清楚楚。有一种解决办法可以弥补这种不足，那就是尽量使用色彩较暗的、磨砂的或者有花纹的玻璃。

用于人行道、楼梯和地面的玻璃一般都是由两层构成，顶层玻璃比较薄，夹层玻璃较厚。另外一种选择是蜂窝玻璃。在这些应用中，为了防止滑倒和摔跤，一般会加入碎石块或切碎的金属条。

用玻璃横梁搭建成的屋顶闪闪发光，透明效果极佳。

将玻璃用在卫生间将极富魅力，令人陶醉。玻璃可替代陶瓷作为淋浴间、水槽和浴盆的材料，这会给人神清气爽的感觉。

工作台、洗手盆台面等此类东西都可进行抛光、喷砂或者作棱纹处理以创造出多种效果。其边缘可进行粗略地削凿，也可进行平滑地抛光，其选择权掌握在设计师手中。

装饰玻璃 Decorative Glass

玻璃的主要特性当然是透明度，但有些时候这种特质会给人带来安全隐患，使人的隐私受到侵犯。在这种情况下，彩色或者色彩暗沉的玻璃便成为理想之选。可选择不同的图案、纹理或颜色来进行装饰。

如果某种场合不涉及隐私问题，那么彩色玻璃便是绝妙之选。在这种场合下，增加玻璃的颜色可通过几种不同的渠道，如喷漆，在制造玻璃时使用金属氧化物，或者在最里面一层的夹层中加入彩色塑料。这种玻璃的透光程度会降低，转而吸收热量，室内会变得较为凉爽。较大较薄的装饰玻璃可使原本沉闷的空间色彩斑斓、趣味十足。这种类型的玻璃既可以保护个人隐私，又不会遮挡太多光线，极为适合用于浴室窗户、淋浴间以及前后门。

　　装饰性玻璃更显眼，更容易让人发觉，因此比一般的透明玻璃更安全。装饰玻璃可用作分隔墙、厨房中橱柜的门、浴缸、面盆的台面、防溅水挡板和工作台。

　　乳浊玻璃是一种半透明玻璃，其透明度因玻璃材质不同而发生很大变化。射入的光线不会被阻断，而是被扩散开。其表面既不进行蒙砂也不会作喷砂处理，许多设计其图案和花纹十分精美，装饰效果多样且独一无二。

　　压花玻璃或丝印玻璃让设计师又多了几种选择。此外市场上还有出售专门供玻璃染色的透明或不透明墨水。

　　压花玻璃会使用一些起到缓解作用的图案或表面纹理来减少透明度并使人的视

觉失真。这种设计会在玻璃冷却时经轧制后而成，或者在玻璃浇筑时创造出来。新型的高性能压花玻璃上会有一排排漂亮的图案，可以定制，从而设计出适合任何装饰的玻璃。这种较新型的玻璃相对而言可起到防滑作用，是人行道和楼梯地面又一个理想之选。

彩色的夹层安全玻璃如果用在和阳台栏杆、窗户、门和台面等结构性建筑相连接的地方相当实用。这样的组合可以提供高度的安全性能，如果有意外发生，这些碎片会依附在乙烯基薄片上。现在市面上可供选择的彩色夹层玻璃种类繁多，其颜色数以万计，是室内设计中又一个令人惊叹的材料。

玻璃板材又大、又重，不太灵便。一种替代性选择就是使用成型轮廓玻璃系统。用一个铝制框架填满塑料、小网格（嵌板），将玻璃插入其中，再加上嵌入网格的轮缘，这样可以创造出充满趣味性，并呈现半透明状的墙面。

向支撑槽中加入光线会令网格大不一样。彩色凝胶的使用会创造出大量可变暗、变亮，或者按照需要随时关闭的平直光线。由于事先设置好的支撑槽有垂直方向或水平方向的，整个屏幕便可以自我支撑。与其他玻璃一样，这种网格玻璃在长度和厚度上有多种选择，市面上可供选择的色彩也很多。

玻璃砖透明且坚固，可以应用在多种不同的场合，室内和室外皆可。作为一种现代设计元素，玻璃砖已经被用烂了，但随着新技术的引进，以及生产和安装技术的改进，这种元素又焕发生机，在室内设计领域重现光彩。

在安装玻璃砖时最好请专业人员。这种砖块坚固、持久耐用、安全，颜色和表层装饰涂层可选范围广。玻璃砖一般都呈现正方形，也可以制造成曲线形或直壁式，但一定要特别注意，必须保证能将整个玻璃砖支撑起来。若将玻璃砖用在室内外做地面用，可使原本低洼、无法接触到自然光的地方反射到光线。

镜子 Mirror

镜子的应用已有几个世纪之久，其实用性强，是讲究个人卫生时不可缺少的物品。然而现在大量使用镜子的目的是为了使人的视线范围更广，让光线更多进入个人空间。实体周围的空间或负空间会给人一种幻觉，让人觉得所看到的空间比实际

空间大。

质　地

　　和玻璃一样，镜子的大小、形状和颜色选择范围也很广泛。带框镜子的样式通常取决于框架的式样。镜子越大就越重。镜子很容易摔碎，现代的亚克力镜子（有机玻璃）镜面很大。亚克力镜子重量略轻，便于现场切割，且抗震防碎。

　　电热镜子一般用在浴室里，那里有水蒸气，这种镜子可以防止雾气产生，使镜子上的图像保持清楚。

　　镜面家具在 20 世纪初时非常流行，现在这种家具也很常见。

使用方法

镜子具有装饰性，可以应用在住宅室内的各个地方。简单的无框大镜子可以进行切割，安装在整面墙上、做防溅水挡板和壁龛之用。在安装大镜子时建议请专业的安装人员。

此外，市面上还有出售反射度较好的镜面瓷砖，但不建议在大范围内使用。

修　饰

镜子一经安装，便无需后续的修饰。

和玻璃一样，镜子需要日常保养，保养时一般会用到干布和擦窗器。

合成材料 Synthetic Materials

尽管许多合成材料都是人造的，但也有一些是复合材料或合成物，现在市面上出售的合成材料极尽自然的属性与人类的智慧。在第二次世界大战之前塑料和复合材料并不是那么普及，二战后才成为我们生活的一部分。塑料在我们生活中极为普遍，从电灯开关到桌子再到可抵抗风雨的薄膜。它无所不在，有时候我们甚至会忘记，某段时间之前它曾经都是不存在的。塑料对石油的依赖程度很大，但也利于循环再利用。许多塑料制品和复合材料原本是为其他用途而设计的，但后来我们将其转变为家用的一部分。

塑料色彩丰富，质量轻，便于安装。

丙烯酸 Acrylic

丙烯酸是第一批被生产出来的热塑性塑料，最早产生于二战后。丙烯酸在受热后变软，冷却后又变硬并保持其形状。这种材料可被塑造成不胜枚举的形状，可做窗户纸或其他开口的覆盖物；可以和颜料、天然材料以及填料混合，创造出类似花岗岩和其他石头的外观。

质　地

丙烯酸质量轻，耐用。其强度因厚度而发生变化。丙烯酸在太阳照射下不会褪色，可被制成透明、不透明或半透明薄片，也可被织进纤维里。现在丙烯酸已经被广泛用作户外织物，其抗褪色效果非常令人满意。

使用方法

大片的丙烯酸比玻璃轻，也比玻璃容易安装得多。这种材料广泛用于卫生间水池、浴盆和淋浴室。

如上所述，丙烯酸织物抗褪色，柔软、颜色多样且易于清洗。即便是漂白剂也不能对这种材料造成损坏。

修 饰

丙烯酸材料在安装或应用成功后，建议使用软布和防磨损的清洁剂清洗。

复合材料和石英石 Composites and Quartz Stones

现有的合成石以及固态复合材料有很多知名品牌。可丽耐（Corian®）便是其中之一，这种品牌的材料用作工作台以及其他一些对卫生和性能要求比较高的地方。这种材料的色彩一致，容易安装。由于材料尺寸较大，再加上可进行定制设计，因此安装后几乎没有缝隙。此外，一些零售店和设计厂商也供应其他知名品牌的固态复合材料。

杜邦 Zodiaq® 使用天然石头（近92%）和树脂创造出一种可作为工作台和其他台面的无缝、硬质表面材料。这种材料比天然石头稍微便宜一些，有多种颜色可供选择，Zodiaq® 和其他石英复合材料与别的天然材料的性能不相上下。

使用方法

合成石无毒、过敏性低且抗菌。这种材料无孔、不渗水，并且防污防潮。建议在安装时请专业人员。

修 饰

合成石一旦安装完毕，无需再进行额外修整。用绵软的湿布清洗。

合成石耐热，建议使用三脚架和切割板。不要直接在其表面切和剁东西。

装饰性层压板 Decorative Laminate

装饰性层压板由好多层纸（比例可达60%），结合热固性树脂，在高温高压下粘合而成。顶层的纸板包含完成该产品所需的图案和花纹。装饰性层压板的颜色和样式极为丰富，要比热塑性塑料更牢固、更耐热。

Formica® 已经成为这种类型的层压板中通用的术语，是该种类中的明星产品。许多产于20世纪40年代的这类产品因其复古品质和式样而变得极为珍贵。

质　地

修整后的产品可做出类似木材、石头和金属的外观，其颜色和装饰性涂层数不胜数。

层压板依据用途不同而被划分为不同的等级，较高的等级用作台面和工作区。如果等级使用混乱，层压板的使用性能就会受到很大影响。建议参考专业人士的意见。

层压板比较卫生，不需要太多保养，但是一些低品质的层压板不太耐用，时间一长可能会分层，要尽量避免这一点。

使用方法

层压板一般会用在厨房台面、防溅水挡板、洗手盆台面、桌面、架子、墙面和工作室。

将层压板储存在将要安装的地方，以便其适应该位置的湿度、温度等。

修　饰

层压板一旦安装好，就无需进一步的修饰，用清水和软布清洗即可。不要使用具有磨损性的清洁剂或家具擦光漆。有印花的表面可用尼龙刷子和柔和的中性洗涤剂清洗。

树脂板 Sheet Resin

铸塑树脂各层之间的填充材料不同，染色方式不同，而呈现出各种不同的图案和色彩。树脂板质量轻，便于处理和安装。

质　地

其设计和样式取决于树脂中间的夹层中所放置的材料。设计者可以选择蛛丝、薄纱般的织物，轻薄的三维物体，如玻璃、树叶、花瓣或者几种物体相结合。这种

树脂板前后都可以被照亮。

　　这种板材可以是半透明的、透明的或者是磨砂的，只需简单的木工工具便可对材料进行加工处理。

　　这种材料有多种尺寸和厚度可供选择。

　　使用方法

　　树脂板用在垂直装置上，如屏幕、隔墙、分隔物和特色墙面，也可以用作架子、放置较轻物体的台面和桌面等。

修　饰

树脂板安装后，无需进一步修整。用软布和没有磨损性的清洁剂清洗。

橡胶 Rubber

我们把橡胶也归为人造材料，这一点大家不要觉得奇怪。我们所说的橡胶是一种由丁苯橡胶合成的物质，是一种石化衍生物。20世纪80年代，橡胶作为一种牢固、实用的地面材料，被广泛应用于机场、医院和其他交通量大的地方，现如今这种材料已经被广泛用于住宅布置上，其颜色和图案已有70种之多。

大多数用于住宅安装的橡胶地板砖通常都接近24平方英寸，厚度为8英寸。像瓷砖和其他地板材料一样，在安装橡胶地板砖之前要打好底层地板，底层地板一定要平整、稳固。安装这种材质的地板砖时，建议请专业人员。

橡胶质软、温暖、有触感，即便本身很结实，但铺在脚下非常柔软，一点也不扎脚。这种地板还抗菌、抗静电，并且防滑。如果不小心将烟头掉在地板上，地板也不会起火，并且还可以用在地板下、供暖系统之上。

清洗橡胶地板要将水和少量的醋混合，这样就能保持地板的清洁，使其看上去跟新的一样。

橡胶地板可用在厨房、卫生间、入口通道和杂物室。如果用在室外，其固有的防滑特质使其成为一种用在泳池边和其他有水区域的绝佳材料。

地板砖 Tiles

地板砖，作为一种装修元素，可以有多种形式，其原材料也很多样化。瓷砖就是一种最常见、使用最广泛的地板砖。此外，还有皮革、玻璃，甚至是鹅卵石可作为设计师的备选材料。地板砖的大小设计很人性化，因此很适合非专业人员自行安

装，但有些地板砖还是需要专业技术才能安装好。网格形式的地板砖给人一种鲜明、活泼和洁净的感觉，可使任何室内设计增色。

皮革 Leather

皮革总是与奢华和财富相关联。皮革的气味总令人能联想到崭新而又昂贵的汽

车、皮质手套、奢华的皮草外套。将皮革做成地板砖铺在墙上或地板上，可创造出一种温暖、柔和、静美的室内环境。无论是摸上去，还是踩在脚底下，都非常舒服，令人心情愉快。皮革的外观会随着使用时间的增加而得到升华，就如同古旧的椅子，皮革材质的地砖会给人一种复古、神秘之感。皮革地砖的原材料取自于北美野牛或其他品种牛身上最坚硬的毛皮，这种皮质要比大多数皮革厚。

质　地

将皮革应用到室内，会给人一种奢华、品位高的感觉。其色彩多样，将不同颜色的皮革材质的地砖混合在一块儿，还能创造出精美的花纹和图案。皮革是一种天然产品，因此即便是同一个动物身上的毛皮也会有差别。

为了便于安装，皮革地面材料会在背面装上木质的背衬，用榫槽连接。这种地板还可以进行加工，使其更具阻燃性。

使用方法

皮革可被用在地面以及墙面等其他垂直面。一般来讲，这种地板在安装后24小时便可使用。

修　饰

安装完成后，会在接口处打上蜡，这可以起到密封作用，阻止水分渗入。这种地板的保养方法与硬木地板相同。

艺术贴砖 Photo Ceramics

数字摄影的出现使瓷砖的种类愈加多元化。设计师可以将任何图案、花纹或理想的照片印制到瓷砖上，然后应用在整面墙或地板上。图像可以放大后印制在大量的瓷砖上面，然后创造出一幅平铺的壁画或风景图。其照片还可以进行加工制作成或抽象或写实的事物。油画、纺织品、照片或其他有图案的事物都能进行扫描印制。

质　地

这种瓷砖经过煅烧和上釉后，和其他瓷砖一样坚固耐用，且易于安装。

有各种罩面漆可供选择，其价格会因安装的尺寸、需要复制的图案类型以及所需瓷砖的数量的不同而发生变化。

使用方法

与其他瓷砖一样，艺术贴砖可用于家中的各个地方，墙上、淋浴间以及防溅水挡板。

艺术贴砖可用于墙面、挡板、地面等其他可能会用到瓷砖的任何地方，包括室外。

修　饰

艺术贴砖安装好之后，无需再作修饰。这种瓷砖的清洁方法与其他瓷砖相同。

鹅卵石和玻璃砖 Pebble Tiles and Glass Tiles

鹅卵石贴砖和玻璃砖都是将原料粘在一个网格背衬上，背衬将所有小块组合在一起，然后便可贴在指定的地面、墙面或其他表面。鹅卵石贴砖由外观和厚度大体相同的、比较圆润的河边卵石构成。这种贴砖所形成的地面或墙面会营造出一种清新、质朴的户外美感。而选择玻璃砖则是因其充满活力的色彩和明亮发光的特质。

与将一小块一小块瓷砖现场拼凑相比，这种已经事先用网格固定好的贴砖安装起来相对比较容易，需要的时间也少。

鹅卵石贴砖的质地

鹅卵石贴砖坚固、耐磨。这种正方形的贴砖设计可确保安装后毫无缝隙。这种贴砖的样式、颜色和石头类型可选范围很广。

使用方法

鹅卵石贴砖在安装时会用胶粘剂粘在一块平整、干净的底层地板上。较小的鹅卵石贴砖也可再进行切割，用于柱子和圆形的壁龛四周。

修　饰

鹅卵石贴砖在灌浆后必须进行密封处理。其清洗的方法与大部分其他类型的瓷砖类似。

玻璃砖的质地

市面上出售的玻璃砖颜色范围十分广泛。瓷砖的类型有方砖、矩形砖、圆砖和嵌花砖。这种瓷砖有半透明的、全透明的和乳白色的，并且还有滚磨和磨砂之分，

防褪色、抗污、不变色。

使用方法

玻璃砖最适宜用在厨房和卫生间的垂直墙面上，也可以用来区分其他边缘，创造出独特的效果。

修　饰

玻璃砖在安装成功后，无需其他修饰。用防磨损的洗洁剂清洗，然后彻底冲洗便可。

三

令人兴奋与可持续：现代

Exciting and Sustainable：Modern

　　工业革命在那个时代来说是非常令人振奋的，但没有什么能比过去五十年来所取得的巨大突破更令人兴奋了。成功登上月球是人类的巨大飞跃，但电脑技术以及我们对日常材料的重新加工和再次构想，让我们能够在室内设计中取得如此辉煌的成就。毫无疑问，人类登上月球的步伐开启了技术飞速发展的进程，再加上一些以前从没想过的，可用于住宅或商业化室内设计中的材料的发展和成熟，使照明和织物制造技术得以改善。计算机作为一种代表生产力的工具，甚至都影响到了专业室内设计人员的构图方式。通过先进的通讯、专业技术以及创造性的思维，我们开始着眼于未来，寻找合适的室内设计元素。

　　随着过去五十年的技术发展，我们已经开始将环境视为一个完整的系统，意识到我们这个星球的健康状况与人类真正的成就之间的关联。我们注意到了人类的死亡率。这就不难解释，第一个世界地球日差不多与人类探索外空间的时间相契合的原因。我们在将目光投向其他星球的同时，也开始从长远的角度认真地考虑如何利用我们所在的这个星球所提供的有限资源。从这个角度出发，人们意识到塑料是一种最恶名昭彰、最具毁灭性且几乎不可回收的材料。滥砍滥伐和露天采矿被称为环境的毒瘤，使地球出现难看而又巨大的疤痕。我们开始寻找一些便于替代和移植的元素。

　　对可持续性元素的探索给看似稀松平常的木材、织物、重复利用的木板和横梁带来了新的能量。理解设计元素的制造和加工过程，有助于减轻我们对环境所造成的负面影响。科学技术的发展已经帮我们创造出一些便于再次利用的塑料，新型的照明技术所需消耗的能量也远比传统的灯泡所要消耗的少得多。毫无疑问，专业技术的革新必将有助于我们创造出尖端的、令人兴奋的环保的创新型材料。不断探索其可能性不仅有助于创造出新的高端材料，还可以进一步强化那些一直伴随我们成长、令人舒服、暖人心房的传统元素。

玻璃 Glass

　　将家中的整面墙都安装上玻璃，这相对来说是一种比较新的概念。一百年前，

大多数玻璃都是人工制成的，窗户上的玻璃被一条条的竖框隔成一小块一小块的。但随着现代玻璃制造工艺的发展，出现了大块的玻璃，人们渴望在家中安装大面积的玻璃，现如今这已成为稀松平常之事。同时，伴随而来的是它所带来的众多挑战：如何控制房间的热量得失？玻璃反光刺眼和隐私问题怎么解决？双层玻璃（两层玻璃之间被真空隔开）是为了应对 20 世纪 70 年代出现的能源危机而产生的，这种产品标志着玻璃应用再次焕发生机，既节约了资源又保护了隐私。但随着许多新发明的出现，双层玻璃作为一种节约资源的材料，其过程就显得太过繁琐，并且效果也不是很明显。

而对活性玻璃的不断探索则创造出一种新型、时尚外观的窗户玻璃。这种最先用作商业设置的标志和显示设备的活性玻璃很快便成为建筑师和专业室内设计师的最爱，不但可以装饰室内，也可用作室外。从总体上来说，这种玻璃的生产过程与大部分其他类型的玻璃无二，只是改变了玻璃对光的反应，或者说可以操控射入室内的光线。这种玻璃最明显的优势是可以减少眩光，节约能源，但其造价要比标准

玻璃昂贵。但从长远意义上来看，其节约能源的特性足以弥补前期大量的资金投入。虽然其保养方法与其他普通玻璃没有什么区别，但要安装这种玻璃必须请一位受过技术培训的专业人员，以便使活性玻璃的性能得到最大发挥。

液晶玻璃 Liquid Crystal Glazing

玻璃的珍贵之处一直都在于其透明性。但当我们渴望将室外的事物引入室内的同时，总有些时候我们会感到隐私和明暗色差非常重要。建筑师和专业室内设计师为了弥补这种缺陷而找到的一种解决办法便是，在商业和住宅设置上使用液晶玻璃。

液晶玻璃在需要时会变成半透明状，这种玻璃由一层层的薄片组成一个坚固的平面，可以是单层玻璃，也可是双层玻璃。处在最中间位置的是一个液晶，其内表面被一层导电涂层和一层薄膜所覆盖。然后在这种夹心式的材料侧面覆上玻璃，从而形成薄片。导电涂层通过一个薄片金属在玻璃的一端与电源相连接。通电时，由于水晶排成一排，使光线能通过，因此玻璃会变得透明。在不接通电源时，液晶会呈现无规则间隔排列，这时玻璃就变成一块不透明的薄片，这样就可以保护个人隐私。

质　地

无论是透明还是不透明，这种玻璃实际上允许透过的光线数量都是一样的。

通过调节电流，这种玻璃可以用来控制隐私、安全与白天和夜晚某个时刻的眩光度。

这种玻璃没有中间状态，即只有不透明或者全透明的玻璃，且用来排列水晶所需的能量极少。

与其他类型的玻璃一样，这种玻璃有多种厚度和尺寸可供选择。还可以将这些玻璃拼起来，创造出更大面积的玻璃。

使用方法

如果里面一层是液晶玻璃，这种玻璃用在室内外均可。无论是室内外，都要聘请专业人员来安装。

修　饰

安装完成后无需进行额外的修饰处理，保养方法跟标准玻璃一样。

电控智能调光玻璃 SPD Glazing

电控智能调光玻璃（SPD）是液晶玻璃的一种变体，制造过程一样，但这种玻璃能够精确地控制透过玻璃的光线。当电源接通时，其微粒会排列整齐，允许光线通过。当电源断开时，微粒会四散开来，吸收光线，玻璃就会变暗。由于这种玻璃能对光线进行精准地控制，因此在减少用于加热或者冷却房间所需的能量方面，它扮演着重要的角色，可使能源的消耗量减少 20%—30%。

电致变色玻璃 Electrochromic Glazing

这种玻璃和其他玻璃一样，也是一种夹层产品，用低压来创造理想的效果。与上述两种玻璃不同之处在于，电致变色玻璃使用电压来激活含钨电致变色层，这会导致玻璃颜色由透明转变成蓝色或绿色等较深的颜色。

最初用于室外建筑，玻璃颜色变暗可以减少眩光和反射，有助于避免过热现象的产生。有了这种玻璃，就不必用帘子等遮阳物。

在冬季，玻璃涂层可以帮助保持室内温度，能有效减少空调耗能的 50% 左右。当接通电源时，玻璃颜色的变化慢慢四散开来，从外层最边缘处开始蔓延至整块玻璃。当达到理想效果时，就不再需要电源。

镭射玻璃 Holographic Glass

制作镭射玻璃的原理，跟蜂鸟和蝴蝶身上会产生闪烁的光点一样。这种玻璃使

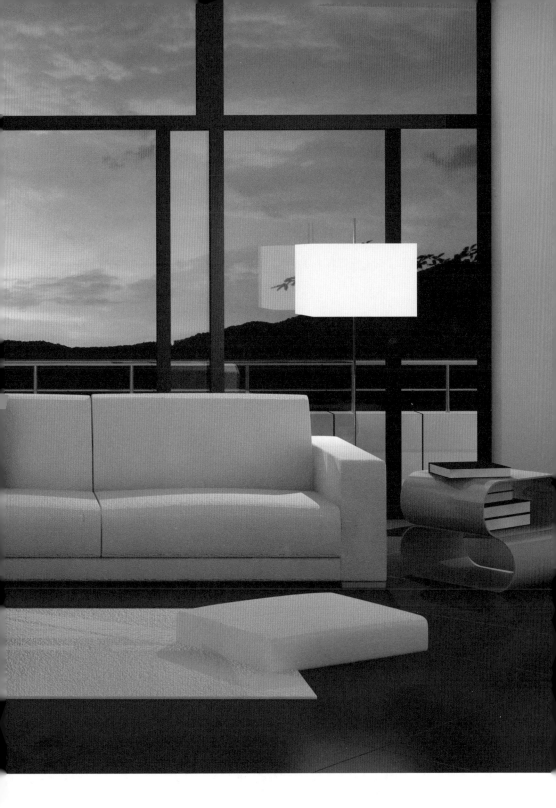

用一个显微网格将外界的白光分离成一整个光谱图。当你左右移动玻璃时，就会看到透明的玻璃上出现像彩虹一样绚丽多彩的颜色或影子。这种显微网格夹在复合箔和透明玻璃层之间。其最大的优点之一便是节约能源。用在面朝南面的墙上或屋顶上，镭射玻璃便可将光的方向改变，使其远离建筑表面。如果室内光线昏暗不足，这种玻璃又可将光线折射进房间内。

镭射玻璃还颇具装饰美感，移动一下玻璃的位置，便会出现像彩虹一般夺目的颜色。这种玻璃在节约能源方面十分出色，可将自然光引入光照不足的地方。这种玻璃可用在所有建筑装置上面，包括各种形状的玻璃嵌板上。

自洁玻璃 Self-Cleaning Glass

自洁玻璃绝对是名不虚传，其自洁能力相当惊人。这种玻璃要实现自洁能力，就需要专业的公司和专业技能来进行正确的安装。许多不同类型的玻璃都可以被转变成自洁玻璃。双层玻璃、夹层玻璃和耐热玻璃都可以在其表面覆盖上一层二氧化

钛，这种化学物质可以破坏有机污物的化学结构，使其随着雨水被冲掉。这种涂层需要日光来激活其性能，这样，有机污物便会分解成二氧化碳和水蒸气。二氧化钛涂层还能减少表面张力，这样水分就会离开玻璃表面，不会产生小水滴。

质　地

这种玻璃不会产生有机污物，能有效节约花在清洁上的时间和金钱开支。这也使清洁玻璃变得更加安全，尤其是顶层地板和日光室屋顶的作业。

这种涂层不会被磨损掉，有利于保护玻璃，增加其使用寿命。

市面上出售的自洁玻璃有多种厚度和不同颜色可供选择，例如透明的、蓝色和灰色。这种玻璃比普通玻璃板贵 20% 左右。

选用密封剂时要注意，不能让密封剂溶解掉硅树脂，这会损害涂层和玻璃的自洁能力。自洁玻璃有抗菌作用，能防止真菌和霉菌的生成。但切记这种玻璃不能进行雕刻或喷砂面。

使用方法

自洁玻璃几乎可用于任何需要光线的外部设施。这种玻璃需要日光和雨水才能有效工作。如果用在屋顶上，屋顶一定要有坡度，这样可使雨水顺利流下来，不会

在屋顶形成积水。安装时要请合格的专业人员，使用适合的密封剂，进行正确安装，才能使自洁玻璃的性能和优越性得到最大限度的发挥。

修　饰

这种玻璃基本上不用怎么保养，但是如果遇到比较干燥的季节，最好用一根软管，模仿降雨的效果来清洗玻璃。此外，还可以用一块软布和肥皂水清洗玻璃。

在安装期间一定要戴上手套，这种玻璃不能直接光着手去碰，否则残余的油分会导致非有机污物粘着在玻璃上。

安装好之后，需要几天时间让日光激活玻璃的自洁能力。在激活期间，禁止碰触玻璃。

发光地砖 LED Tiles

发光二级管（LED）已不再是什么新概念了，这种产品已被有效地用于具有信息性的标示和显示屏。在这些地方，这种持续发光的灯泡效果非常令人满意。现在这种灯光已经比以前便宜多了，并逐渐成为室内设计中众多元素中的一个。贴砖只是这种既具有创新性又非常节能的光线应用当中的一种扩展。

将一个个小灯管放入贴砖中，铺在地板上或是防溅水挡板等隔板上，可以有助于突出建筑元素，让夜间行动变得安全、方便、有方向性。这种灯管的类型、颜色和式样多样，几乎可用于各种设计项目。

通过使用微芯计算机技术，单个贴砖和较大型的安装物品便能使用塑料薄片在多个二极管内产生简单的单线照明或移动图像。将单色的二极管嵌入贴砖中产生简单的建筑学线条似的光。若使用两个二极管，其光线便可在两种颜色中转换。任意组合，都可创造出既吸引人眼球又实用的环境。

质　地

二极管的发热量很少，因此能使用很长时间。许多灯管发光时间长达八万小时。新一代的灯管更明亮，运作所需的电压仅为三伏左右。安装的话，需要受过专门培训的人员，要懂得线路之间的必要连接，电缆在电源之间的运作原理，以及哪块贴砖需要照明。

使用方法

发光贴砖极具装饰性，还可加强卫生间、厨房、通道和楼梯等地方的光线。实际上，这种贴砖很适宜用在那些需要较低照明度来保护隐私、确保安全的地方。

这种贴砖和灯管可用在地板、墙面、天花板上，只要密封合理，厨房和淋浴室等有水的地方也可以用。

修　饰

发光贴砖无需其他修饰，但安装的时候一定要特别注意保护二极管不受损害或污染。

纸张和纺织品 Paper and Textile

在室内设计的其他领域中，设计师、艺术家、科学家和工程师从来没有像在纤维织品和纸张这个领域中这样密切地合作过。技术引导着环保性制造工艺的进步，其先进性可与当今任何创新相媲美。同时，艺术家和设计师的众多需求又促使工程师创造出独特、具有工业规格的机器，并以此来生产这些专业材料。所有这些综合到一块，便形成创造性、专业性和科技先进性。

这些专业的设备通过三维计算机制造出纤维织物，用烧结机制造出无需裁剪的无缝纺织品。那些光感和触感墙纸传达出对环境的新的连通性。光纤束越变越小，并被织进纺织品中，创造出变换的光线、图案和颜色。欢迎来到现代纺织品和纸张王国！

激光烧结纺织品 Laser-Sintered Textile

大部分人可能会问到："什么是烧结物？"烧结物就是一个微小的硅酸或含钙质的沉淀物——其本质为硅树脂或钙的最小分子形式。激光烧结纺织品一般由电脑通过三维设计而成。当设计就绪后，用高功率的激光将小微粒或烧结物融进该三维设计中。利用多程技术，该纺织品就会按照事先设计好的程序形成。其他材料也可以使用这种工序。钢铁和和各种类型的塑料，如聚苯乙烯和尼龙，都非常成功地运用了这种工序。如果使用激光烧结工序，那么未来市面上出现的图案、颜色和花纹将不计其数。

质　地

这种纺织品是一种没有编制、裁剪或缝合的三维编织品。早期的原型类似链甲，触感好、有柔软的褶皱。使用计算机生成的定制设计，其最终产品包含多种尺寸、颜色和图案。该工序中所产生的废弃物要远比传统制造工艺中的少。

现在，所有激光烧结纺织品都是人造纤维制品。

使用方法

由于该工序经过改进，能制造出符合传统外观和触感的纺织品，因此激光烧结纺织品和传统纤维织品一样潜能无限。

修　饰

该产品一旦完成，就不需要进行再度处理。激光烧结织物的保养方法与其他合成材料一致。

激光切割织物 Laser—Cut Fabric

利用激光技术来在布料上进行精确地绘图和开口已经历经几个世纪之久。该工序不需要像激光烧结织物一样来制造布料，但需要简单的技术将图案镶入布料中。可用于这种技术的布料很多，包括自然编织品、棉花和人工合成材料。其最终成品犹如蕾丝提花一样精致，轮廓柔和；又如大朵盛开的鲜花和几何图案一样设计大胆。之后，用之前创意图案的计算机控制激光。

可编程的电动纺织品 Programmable Electric Textiles

国际时尚机器（IFM）使用独特的纺织显示技术和设计材料创造出手工编织、有感官的个人艺术品、室内设计和建筑物表面。其商标"Electric Plaid"结合编织电子电路、变色油墨和驱动电子设备将移动的图像和颜色变化的图案添加进纺织品的设计中。设定程序指令，便可在纺织品上出现来回变换的颜色和波动图形。

该材料在制造时，使用一连串的电子轻纱和手工印花变色油墨层。当处于激活状态时，就会发生颜色变化。将较小的纤维模块连接在一起，便形成不同的尺寸和形状。

质 地

活跃和不活跃的模块可连接成较大的布料，而进行程序设置后，就可产生多种颜色变化效果。该纤维织品有多种图案，当然，也可定制作为私人室内装修。

使用方法

这种板材可以当墙壁装饰一样悬挂起来。可编程电动纺织品可在一个方向进行弯曲、折叠。

修 饰

这种布料无需进一步修饰。但一定不要用在日光能直射到的位置，因为这种油墨会对紫外线产生反应。

电致发光布料 Electroluminescent Fabrics

电致发光布料中含有微小的光敏感器，用来检测环境光线的改变，将信息传输到印在布料上的磷光油墨上。光线一经改变，图案就会变深或者逐渐变淡。像电动纺织品一样，电致发光布料包含微小的电气布线，其核心是铜。一旦将其暴露在少量电荷下，其图像就会振动、发光。

通过控制电量和光线，印在布料上的图案就能发生跳动，或者逐渐显示出图像。

这种纤维织品已经成功地应用于一种特殊寝具，这种寝具可以用来治疗受季节性情绪失调困扰的病人。该布料可以在晚上时间变长的冬季月份模仿早晨的第一缕阳光。

这种布料的潜在用途很广，室内室外装饰皆可。

编织光学纤维纺织品 Woven Fiber—Optical Textiles

尽管光学纤维束的应用由来已久，但直到现在才发现其新的用途，即作为纺织品和配件用于家中。光学纤维使用亚克力或玻璃纤维束来输送低于激光长度的光线，这种光线最终只有极少的一部分，且特别微小，这样便能融于其他布料中，创造出耀眼的枕头、垫子，甚至是枝形吊灯。由于其光源、灯箱都可安装在比较远的位置，而不会减少其振动，因此这种类型的布料是水下或厨房和淋浴间等水比较多的地方的理想材料。

在光纤传输纤维上创造小范围的摩擦，这样光线便能在布料上飞溅开，创造出五光十色的图案。这种纤维制品在点亮时就如同星光灿烂的天空。

在光源处使用不同颜色的彩色滤光片，然后设计好颜色变化程序，其效果将结合颜色和节奏变化。可以说这种布料很精致，其用途很广泛，可用作帷帐、沙发套、餐布、衬垫物和灯具。

互动墙面材料 Interactive Wall Coverings

墙纸也开始登上了光致发光的舞台。与那些纺织品相同的技术可创造出类似的效果，并且可以多种方式来为室内设计增色。如果用在墙上，要在墙纸下面嵌入细小的电线。控制通过编程变压器的电荷，其图像就会随着电荷的变化而发生改变。在需要时，其墙面可以逐渐变得明亮，在夜晚时又可以变成柔和的光线。同样，这种材料的可能性也是没有限制的。

可持续资源 Sustainable

用于家中的建筑材料和装饰材料的数目多得令人吃惊。它消耗了大量的木材、

金属、混凝土、玻璃、石材、纤维织品、瓷砖等各式各样的材料。

现在的专业设计人员在选择材料时，不仅仅只从工作本身出发，还会考虑材料会不会给环境和我们所生存的星球带来影响。选择可持续性材料和元素是一种明智之举，是大多数专业人士都赞同的。可持续性材料是指那些在使用时不会使自然资源耗尽，不会对生态系统造成破坏的材料。现在这种材料俗称"绿色元素"。

但这种选择并不是使用竹子替代硬木，或使用编织麻代替化学纺织品这样简单。而要看这种材料的生长环境、生产所需消耗的能量，以及运输到施工地点路途中所需花费的时间。每一个环节都会增加这种元素所体现的能量，以及对地球所造成的影响。可持续性和绿色设计需要更加多元化的方案。例如，金属横梁所建成的房子永远不需要用化学制品来除掉白蚁等害虫，而且这种房子要比木质结构的房子坚固、持久，因此减少对环境的影响，就要降低维修房屋所需要的能量。像混凝土和石材这些材料，需要高能量才能产生，但当用于高热质量的被动式供暖和冷却策略时，其所体现的能量成本便可得到平衡，因为这种材料极少需要能量来加热或者冷却某空间。那些包含可回收利用的合成纤维材料或者本身就具有再循环特质的材料可以很好地解决塑料问题。许多针对照明设备和玻璃的高科技解决方案可以有效降低能量使用，同时还能减少对环境的影响。

决定选用哪种材料，并理解这种材料是如何产生的，并不是一件容易的事情。需要有一种愿望来促使你持续地灌输给自己以及顾客有关市面上这么多可供选择的材料的实质。决定在工作中选用何种可持续性材料，向客户推荐哪种绿色产品，是现代专业室内设计师又一个重要的任务。

木材的替代产品 Alternatives for Wood

没有一种材料可以完全符合优质的木材的外观和触感。无论是地板还是家具，木材一直是用来显示奢华、深沉和华美的理想之选。将木材作为一种固态形式而非复合形式来使用，这是一种极佳的绿色环保之选。它是一种可再生资源，在加工的等式右边也不需要使用很多化学品和能量。一个坚固的木质表面或厚厚的饰面在经过磨砂处理或修饰后，可使用几个世纪之久。

但我们很难知道，木材生长在哪里或在哪里收获才能保证我们所需的木材来源。在建筑中，软木需要进行阻燃处理、防害虫侵扰以及防水分积累，这些都会影响该产品的环保价值。

中密度纤维板（MDF）、木屑板和其他复合木材使用那些在木材加工中本该被丢弃的碎片和刨花而成。这类产品用化学品将其组合到一块，但该化学品一般会对人类身体健康和环境产生不利影响。胶合板这种产品在其粘合剂中所使用的甲醛极少是个例外。

如此一来，专业室内设计人员在寻求绿色和可持续木材产品时，要如何进行选择？进入木材替代产品的王国吧！

竹子 Bamboo

这种材料产自于成熟的竹子植株，成熟的竹子要比橡树和枫树坚固。尽管大部分建筑级别的竹子都来自于中国和印度尼西亚，许多制造商都对竹子的种植、收获和生产过程严格把关。他们也会在层压工序中尽量不使用甲醛等化学物品，以此来保证其最终产品既不会对环境造成污染，也不影响材料本身的结构固性。竹子是一种野生植物，在生长过程中几乎不需要人类的干预。其生长期间也不需要使用杀虫剂，基本上五到七年时间便可完全成熟。竹子可以改善原本贫瘠的土壤，生长的速率相当之快，还能增加空气中的氧气，是一种完全可再生资源。尽管主要用作地面材料、木板、面板和嵌板，有时也会用在纤维品和墙纸生产中。

质　地

竹子是一种储量丰富、完全可再生的资源。其生长迅速，并能减少二氧化碳的排放量。

条状的被层压进地板、木板嵌板和面板中。木板和嵌板有多种宽度以及配套的修饰（如塑模和装点）可供选择。

制造商会特意让竹子的天然纹理表露出来，这样来创造出各种有趣的图案和颜色。竹子性质稳定，用作地板和面板与橡树和榆树一样坚固。

使用方法

在现今市场上，竹子最广泛的用途是作为地面材料。与其他硬木地板产品一样，竹子在安装前需要 72 小时来适应环境。其安装过程和方法与其他硬木地板一样。

修　饰

与硬木一样，竹子地板会被提前作过表面处理，买回来便可使用。其护理方法也与硬木地板一样。

棕榈树 Palm

棕榈树并不如竹子一般为人所熟知，这种材料是硬木材料的一种绝佳替代产品。全世界许多种植园都会种植这种树。种植的目的基本都是为了获得其果实。通常情况下，如果树木不再生长果实就会被砍掉。棕榈木材就是取材于这种树。制成木材的棕榈树一般都生长 75 年到 90 年之久，如果不做木材，就会被简单地毁掉。

棕榈纤维的外缘很坚韧，也就是这个部分被切割成板材，经过风干后，利用无毒的粘合剂层压成我们所熟悉的木板。

质 地

棕榈是一种储量丰富的可再生资源。经过层压工序后，便可产生一种外观像木头，又耐用的材料。该木材像硬木和竹材一样，经过一种舌榫工序而成，有多种木纹理和颜色可供选择。

使用方法

棕榈主要用作地面材料。与其他地面材料一样，这种产品需在安装前适应一下环境，不适合用在有水的地方。棕榈材料也有嵌板和修整后的产品可供选择。

修 饰

与其他木质地板一样，棕榈有抛光和未抛光两种类型可供选择。

软木 Cork

在美国和其他国家将软木作为地面材料已有几个世纪之久。我们中的许多人可能还会记得，家里厨房中的地板会用软木。

软木取材于一种常绿橡树，其树皮每九年或每十年脱落一次。取材的过程并不会对树本身造成损害，因此完全是一种可再生、可持续的材料。实际上，用于做地板的软木是做软木塞剩下的废料。在软木蜂窝状的结构组成中，有90%是气体，使其重量很轻、很软，且具有弹性。现在，可用水性颜料在软木上上色，颜料比较环保，且无毒。

质 地

软木是一种可随时获取、可再生、可回收的资源。这种产品有弹性，踩在上面很舒服。其热绝缘性能很好，还可有效降低噪音。软木抗菌、低过敏、抗霉菌、不腐烂、防火。

可将软木上明亮的颜色，但许多地板样品都是大地色系。软木施工起来比较容易，即使地板有所损坏，替换起来比较简单。

使用方法

作为室内材料，软木主要用作地板。很容易就能铺好，是厨房地板的理想材料。软木也可用在墙上，创造出有纹理的设计效果。

修 饰

尽管现在许多类型的软木地板都会提前进行抛光，但还是一定要作密封处理。

再生木材 Reclaimed Wood

木材可被回收利用、循环使用，并可使用多种方法进行再次修饰，这是绝大多数材料做不到的，那些材料只能被填埋、丢弃。我们能轻松地将老旧的谷仓护墙板移除，创造出新的室内设计，这规避了为什么更多的木材不会被重复利用这个问题。即便是古旧的船板也可用在室内设计中。

通常都是这样，回收会从自己家中开始。我们不会完全更换老旧的木地板，而是再加工，再使用它们。同时，重新考虑其涂层颜色。把微黄的橡木地板转变成具有奢华感的乌木色非常容易。橱柜可重新上漆，而保留较大的、比较贵重的橱柜。

如果作为救生木材，那确保没有害虫寄居在木材上很重要。门框、壁炉架、镶板和橱柜都是可再次使用的物品。美国有许多废旧物品丢弃站，通常承担着再加工的服务、运输和安装工作。你可能会发现硬木物品比软木少。但无论哪种方式，有许多产品得以保留下来。

地板很容易就能弄到手，但通常需要精细的再加工才能使用。一般要将木板上的大头钉和钉子拔掉，这很容易就能将原来的材料区分以适合新空间。其表面可按照需要磨光或者粗化。复古的地板，特别是镶木地板，很难找到，一般比较昂贵。

室外装饰也很多。用枕木来强化公园和梯田已有多年。使用已久的谷仓护墙板也是一种可产生独特饰面的绝佳选择。

可循环再造的盖板 Recycled Decking

在过去，会使用大量硬木和软木作为甲板来创造我们所了解和喜欢的空间。这就对柚木和西部雪松林产生了特别巨大的毁灭性影响。现在已经找到一种具有环保特性的替代产品，这种产品能产生同样的外观，而且也免去了木板所需的保养程序。

木质高分子复合材料将软木生产过程中余下的废料和可回收的聚乙烯废料结合，创造出一种可自我循环使用的板材。

质　地

循环盖板完全可以回收再利用，并且已经存在可循环使用的盖板、竖杆和横杆、栅栏等室外装置。这种产品类似木材，有粒化的特征。可循环再造的盖板防滑、防裂、防腐。

使用方法

这种盖板可用作各种室外装置，如甲板、花园强固设施、篱笆、格子架和饰边。

修　饰

提前已进行表面处理，无需保养。

环保玻璃 Eco Glass

现在室内门窗上所使用的玻璃比以往任何时候都多。整个房间在阳光下显得格外明亮。但随之而来的挑战也出现了。如何使房间在夏日保持凉爽，在冬日或晚上保持温暖便成为难题。新生代玻璃使用了一种制造技术，这种技术中包含了一个薄层，可用来反弹热量。这种玻璃被称之为低辐射玻璃（low-E），可降低能量消耗，即使房间中使用再多的玻璃，也能使房间保持适宜的温度。如果被制成双层或三层玻璃，其节能效果更佳。

这种玻璃所使用的原料非常简单。将沙子、碳酸水和石灰在高温下结合，便可创造出浮动玻璃或其他玻璃。从环境角度来看，这种玻璃需要高热量，但从再循环能力的角度来看，这种玻璃很环保。玻璃不仅能在不损失其清晰度和纯度的前提下进行再造，还可以制造成其他玻璃产品，如玻璃贴砖和玻璃瓶。

低辐射玻璃 Low-Emissivity Glass

普通玻璃会在内层吸收热量，然后辐射到热量低的一侧。这样，热量就会有损失。低辐射玻璃有一层薄薄的金属氧化物，这种氧化物可将热量反射回内层，因此可以防止热量损失。这和在热源后面放置一个反射面，将热量反射回该空间是一个道理。

低辐射玻璃专门针对双层玻璃而设计，不针对单层玻璃。不同类型的涂层用来获得高、中、低不同程度的太阳能。高太阳能获得玻璃适合在需要消耗大量能量来加热某空间的环境中使用。低太阳能获得玻璃就更适合用在用能量来冷却某空间的环境中使用。如果使用正确，能量损失和获得便可平衡，从而使空间内的温度整天都保持在适宜的水准。

质　地

低辐射玻璃是一种有涂层的产品，有一层极薄的金属氧化物。这种玻璃用肉眼根本无法与普通玻璃区分开来，尺寸范围很广。

使用方法

低辐射玻璃可用在任何将热量得失作为重要考虑因素的玻璃装置上。

修　饰

其保养方法与普通玻璃一致。

再生塑料 Recycled Plastics

塑料很便宜，我们每天都会丢弃很多塑料。这也是组成其他多种产品的基本成分，如光盘、产品外包装以及手机。很早以来，回收塑料中最大的挑战就是将回收过程中的塑料按照不同的聚合物类型分开。通过使用强制性标记，这已经在很大程度上得到校正。

再生塑料有非常丰富的颜色和图案可供选择，是生产过程中产生的副产品。随机的条纹和斑点将其染成色彩多样、特点突出的产品。

质　地

再生塑料可用作板材，有四分之一到二分之一英寸厚。这种板材作用就跟用锯片锯下来、用钻头钻过、用螺丝上紧的木制产品一样。该产品无毒、安全。

再生塑料不可浸在有机溶剂或接触过多热量。经过长时间的阳光直射可能会褪色。

使用方法

硬质板材多用于工作台、架子、墙面、家具和分隔墙。较软较薄的板材用作垫子、座椅套和桌布。

修　饰

板材要么是无光粗糙饰面，要么是半光泽饰面，可能还需要整体抛光。

用温和的清洁剂和温水洗去表面污痕。不能使用粗糙的清洁器或刷子，尽量避免接触洗甲水等有机溶剂。

任何小面积的刮痕都可用好的砂纸除掉。

纺织品和纸张 Textiles and Paper

天然纺织品和墙纸所使用的原料分布广，所有原料均可再生，并能被生物所降解。同样，这些材料从生态学的观点看也比较值得提倡。也就是说，在该材料的生产过程中确保不使用任何化学工艺很重要。

许多纤维织物，生产完后，会用化学品进行处理，使其成为防火材料，减少折痕。不仅仅是纤维织品会用甲醛进行处理，来增加其阻燃性能，有些纸张也会加入一层薄薄的乙烯基起到防水作用。上述这些都会对环境产生不良影响。

用在材料上的漂染剂也要十分注意，要全面了解材料的来源。

用在纤维品上人工合成的衬里也会影响材料整体的环保价值，现在市面上已有纯天然、可回收利用的衬里。用于张贴墙纸的合成胶黏剂可用水溶性、无有机溶剂的胶黏剂代替。

除了要对衬里和染料特别谨慎外，理解哪种纺织品和墙纸适合用在什么地方也很重要。预定过多材料或者不正确使用材料所产生的废料会对环境造成破坏，也会给你的客户造成不必要的损失。

天然纤维 Natural Fibers

天然纤维均来自于可再生资源，其生产过程所使用的能量也很少。这些材料已被使用几个世纪之久，我们对其特点极为熟悉。我们经常所能想起的都是一些像棉花、亚麻和羊毛等备用品。现在是时候该重新认识了。剑麻、椰壳纤维、海草和黄麻也很环保，并且现在市场上也有大量出售。

竹子 Bamboo

竹子不仅是一种极好、耐用的地面产品，而且也可以织成柔软且奢华的纺织品。其细丝是圆的，编织之后的纤维很柔软，摸起来很舒服。竹子有绳绒线和平面织物两种形式，适合印花。这种材料要比棉花廉价得多，种植时所使用的杀虫剂也要少很多。

棉花 Cotton

原来主要用来做服装，现在棉花成为住宅室内设计师主要依靠的材料，因为它的用途极广，且易于上色。现在世界上许多公司在棉花生产中都回归于使用植物染料取代化学染料，从而减少对环境的影响。原生态的、天然有机棉作为床上用品已经变得十分流行，因为其质感超好，亲近皮肤。

亚麻 Linen

亚麻取材于亚麻植株，亚麻耐用、清凉、有吸收性。尽管一般都会进行漂白、染色，并且进行阻燃处理，而更加耐用的类型是未漂白、用植物染料染过的亚麻。

此外，亚麻还可以用在踩踏不是很严重的地方，作为地毯使用。

纸张 Paper

纸张不仅是极好的墙面材料，还可以被制成垫子和小地毯，做成一种持久耐用的地面材料。制成后，纸张的表面十分洁净，这就使其成为更具现代化的室内装置的绝好材料。纸张可用化学染料上色，也可用植物染料，还可编织成许多形状和图案。

丝绸 Silk

丝绸是用桑蚕茧中的纤维编织而成的，非常柔软、奢华。丝绸可被染成多种颜

色，能将各种鲜美的颜色保持得极好。平织所产生的材料是我们最常使用的，丝绸可被织成厚厚的、极为华美的纺织品。但大部分丝绸都要靠进口，这就增加了其固定成本，但这种产品使用的时间很长，适应性极强。

剑麻 Sisal

剑麻取材于龙舌兰属植物所收获的线绳，牢固、耐磨。主要用作大小地毯，剑麻没有抗水性，淋湿后很容易沾上污渍。同样的特性也使其易于上色，现在市面上已有许多颜色美艳、图案生动的剑麻地毯出售。

木质地板可使用的地方，都可以用剑麻地板来代替。它还能用来做衬里和东方风格的地毯。

羊毛 Wool

羊毛不仅仅是来源于绵羊身上，还可从山羊、骆驼和羊驼等多种动物身上取材。羊毛很暖和、吸收性好，也比较耐燃。而这种纤维的中空的自然属性也使其具有良好的绝缘性能。纯天然羊毛产品不进行漂白处理，也不会增加任何化学品。这种产品很容易上色，已被作为地毯和服装使用几个世纪之久。我们认为自己已经了解其特点，但其实更多的属性还有待于我们挖掘。

椰壳纤维、黄麻和大麻 Coir，Jute，and Hemp

所有这些纤维都源自于普通植株，然后经天然工序产生线绳，最后织成绳子、地毯和布。作为一个整体来说比较坚固、耐用。这些纤维织品经常单独使用，也会和其他天然纤维（特别是羊毛）混在一块儿使用。剑麻和其拥有同样的特性，我们经常看到家中一些不太需要保养但又实用性较强的地方会使用到这类纤维。

质　地

这种纤维可被织成多种厚度和重量的物品。天然纤维地板敏感性低，原料取自可再生资源，可被生物降解。

　　大多数天然纤维地板都可当作地毯将地板与墙连起来铺设。

　　其图案大都源自生产地毯所采用的编制方式。

　　人字形图案是一种比较普遍的编织图案，可适用于多种室内需求。

使用方法

　　这种纺织品可用于从窗户纸、衬垫物到地毯、床用织物和墙纸等任何住宅装置。选择一种天然的衬垫物和地毯，有助于增加这种纤维的环保价值。

修　饰

　　所有纤维品通常都会经过化学漂染，或用化学试剂来增强其防火性能。但这会降低产品的整体环保价值。许多天然纤维制品很容易沾染污渍，因此迅速清理很重

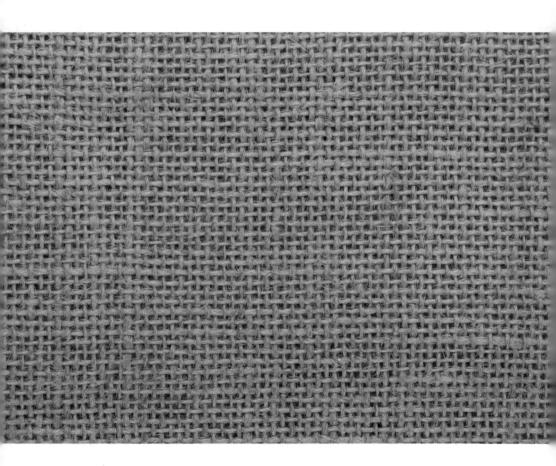

要。经常刷洗天然纤维以防止污渍进入到编织材料里面。

天然纸张 Natural Paper

　　纸张回收利用已经进行了好几代。现在我们所见到的再生环保纸有报纸、书籍、杂志、厕纸，甚至是新的墙纸。尽管纸张部分来源于树木，但其循环再造性使其成为现代室内设计中的理想之选。

正如天然纺织品一样，纸张可由好多种草本植物和其他纤维制成。现在市面上出售的机织和手工织成的纸张种类很多，在整个设计界用途非常广。

竹子 Bamboo

竹材再一次成为可再生纸张来源的首选资源。它容易被制成纹理纸，可以模仿芦苇纸，也可以制成较为光滑的纸，作为墙纸或用在其他室内设计行业之外的装置上。这种材料很容易上色，以艳丽、生动的颜色为主。

黄麻 Jute

将黄麻制成墙面材料时，它会变成一种优良的、接近于柔滑的纸张，而且很容易染成柔和的、比较暗淡的渐变颜色。

再生环保纸 Recycled Paper

现在绝大多数的墙纸都是再生环保纸。正如其他装置一样，避免使用涂有乙烯基涂料的纸张，让你的选择变得环保起来。

剑麻 Sisal

剑麻可被编织成墙面材料。这样的编织品显得比较精美，并且容易染成各种鲜亮、活泼的颜色。

野草 Wild Grass

野草不仅可用于标准芦苇纸，用在墙上时还能显示出明显的芦苇特征。通常会保持其天然颜色和状态。因此，其生产中所消耗的能量低且环保。

质　地

这种纸张的来源为可再生、可循环利用，并能被生物所降解的可持续资源。

天然纸张能帮助墙面呼吸，有助于将其维持在一个较为有湿度的水平。大多数这种墙纸可使原本暗淡无光的室内装饰更加显眼、美观。

使用方法

天然纸张主要用作墙面材料，可以覆盖屏幕、嵌板和其他任何垂直、水平面。当用作墙面材料时，建议使用水性环保粘着剂。

修　饰

墙纸安装好之后，无需进行进一步修饰。避免频繁地碰触墙纸，可用柔软的刷子去除尘土。如果直接暴露于阳光下，芦苇和野草的天然颜色会渐渐出现轻微褪色。

后 记
Afterword

　　选择使用何种原料，以及怎样使用它们，这是专业室内设计师的工作。现在你所面临的挑战是，你所作出的选择不仅仅会影响到你所合作的客户，还有你所生存的环境。这样说不是为了故意吓唬人，而是想提醒大家。作为一名专业人员，了解组成你设计工具箱的材料及其来源非常重要。

　　我认为在设计和投资时，品质是重中之重。如果在作决定时只把成本作为唯一的考虑因素，通常会导致所设计出来的东西经不起时间的考验，最终只能使客户失望，使自己在业内的专业地位和专业能力受到质疑。高品质的天然材料比较耐磨，并且已经证实能经得起时间考验。经过适当保养的木地板，其光泽度是人造材料无法复制的。天然纺织品、纸张和其他材料需要进行保养，但最终回馈给业主的是使用时间长，并且在使用过程中也不会有什么牢骚。

　　回收利用并不是将一个塑料瓶扔进合适的回收箱那么简单，而是选择使用那些原本早该丢弃的产品和材料。一些非常古老的建筑材料和家具已成为古董，因此，其本身所具有的价值吸引人们加以利用。但是那些在过去二十五年到六十年间使用的建筑材料要怎么办？这些材料有什么价值吗？当然有其价值。

　　二手这个词语并不粗俗。事实上，使用二手材料应该是地球上节能最有效的方式。该物品本身已经获得了要生产这种东西所需的能量，因此就不再需要消耗那种能量，而且也偿还了在第一次使用中消耗的能量成本。现在，一个二手产品，可以成为一种谨慎的选择来服务于环境。

　　现在市面上已经有许多再造砖、铺路材料、玻璃、地板、贴砖以及其他许多用于建筑的材料，根据材料的年代和质量，其价格会有多种选择。将壁炉架、楼梯、

门和家具等现存的建筑元素进行再造，实际上就是一种获得二手材料的形式。面盆、铁轨、灯具等诸如此类的二手物品也可用在新的室内设计中。

二手古董家具，其地位已经达到摇滚明星的程度，但并不是所有古董都必须是古代的。有些 20 世纪中叶的东西也很有价值，值得收藏。

纸张和纺织品很容易腐烂，不容易在二手物品中发现，因此记住要使用新的。纸张和纺织品相对而言都比较容易循环再造成新材料，其本身都是很好的选择。但我们也要考虑室内装潢所消耗的产品数量。

如果可能的话，将现存的饰面恢复原样也很重要。地板很容易就能用砂纸磨光，或者用少量新材料进行再次抛光。橱柜可以重修表面。装上软垫的家具可被复原，木制家具可返工修光，或重新漆上油漆。除非里面特别陈旧，否则没有必要把所有的东西都弄出来，然后重新填上新的东西。

使用一些现存的固定装置和配饰会使整个空间的设计有趣而温馨。

作为专业的室内设计人员，我们有义务使自己了解，在室内设计中我们该如何择优选择所使用的材料和元素。明智、谨慎地选择材料，以获得最终的目标——使用天然的材料，创造出美观的室内设计，不损害环境而又能使客户满意。